"十四五"中等职业教育部委级规划教材

美甲技能全教程

主　编　马越雁

副主编　王伟宏　刘　洁　花　芬

中国纺织出版社有限公司

内 容 提 要

本书从基础理论和技术手法两方面出发，帮助读者全面了解美甲，满足实用要求，同时还增加了艺术创作的元素，设计感更强。本书融入新型美甲技术，阐述了指甲形态、美甲工具、款式设计、操作示例等美甲基础操作技能，解析了从美甲护理、分类、卸除、保养到光疗甲制作、款式设计等多方面的技能，并附有款式图鉴，浅显易懂。

本书适应新时代美甲师职业素养及专业技能养成，可作为中等职业教育美发与形象设计、美容美体艺术专业师生的参考用书，也可供美甲爱好者借鉴。

图书在版编目（CIP）数据

美甲技能全教程/马越雁主编；王伟宏，刘洁，花芬副主编. --北京：中国纺织出版社有限公司，2022.7

"十四五"中等职业教育部委级规划教材

ISBN 978-7-5180- 9507-0

Ⅰ. ①美… Ⅱ. ①马… ②王… ③刘… ④花… Ⅲ. ①美甲—中等专业学校—教材 Ⅳ. ①TS974.15

中国版本图书馆CIP数据核字（2022）第065463号

责任编辑：宗 静 苗 苗 责任校对：楼旭红
责任印制：王艳丽

中国纺织出版社有限公司出版发行
地址：北京市朝阳区百子湾东里 A407 号楼 邮政编码：100124
销售电话：010—67004422 传真：010—87155801
http://www.c-textilep.com
中国纺织出版社天猫旗舰店
官方微博 http://weibo.com/2119887771
北京通天印刷有限责任公司印刷 各地新华书店经销
2022 年 7 月第 1 版第 1 次印刷
开本：787mm×1092mm 1/16 印张：10.5
字数：136 千字 定价：68.00 元

凡购本书，如有缺页、倒页、脱页，由本社图书营销中心调换

教学内容及课时安排

章/课时	课程性质/课时	节	课程内容
第一章 （10课时）	基础理论部分 （10课时）		• 美甲基础
		一	认识指甲
		二	美甲的概念及分类
		三	美甲工具与产品
第二章 （8课时）	修形与护理 （8课时）		• 手部的基本护理与美甲的卸除
		一	手部护理与甲部基础护理
		二	甲部修形
		三	美甲的卸除
第三章 （26课时）	基础美甲技法 （56课时）		• 美甲方法
		一	贴甲片
		二	彩色指甲油美甲
		三	甲油胶美甲
		四	光疗甲的制作
第四章 （6课时）			• 美甲装饰
		一	水贴花
		二	3D贴花
		三	印花装饰
		四	镶钻装饰
		五	镶嵌饰品
		六	玻璃纸及锡箔纸装饰
第五章 （4课时）			• 雕花甲装饰
		一	光疗浮雕
		二	光疗雕花
第六章 （20课时）			• 指甲彩绘
		一	小笔指甲彩绘
		二	排笔指甲彩绘

注　各院校可根据自身的教学特点和教学计划对课程时数进行调整。

前言

PREFACE

美甲，既是一门技术，也是一门艺术。美甲包含了生活美甲、时尚美甲和艺术美甲等，是美业从业者必备的技能之一，也是美发与形象设计、美容美体艺术专业的重要技能课程。而一名出色的美甲师，不仅需要最基础的专业知识，还需要大量的手法练习，较高的艺术欣赏水平，以及敏锐的时尚嗅觉。当然美甲师也需要具备良好的职业道德和服务意识，以及创新的思考能力。

本书针对零基础的学生，全面讲解学习整体美甲设计的必经过程。从基础、强化到提升，循序渐进，科学设计，通过详细的图文介绍让学生学好学精，在每个阶段都能深刻掌握美甲的手法和技巧。本书作为一本基础教程，从实用和就业出发，以实操为主，结合理论，力求实用。本书能成功出版需要特别感谢台州卡斯化妆品有限公司的产品及图片支持，王梦函、陈瑜同学参与的款式制作，以及张紫怡、陈滢羽同学提供的部分美甲款式图。

希望读者通过本书的学习，掌握美甲技术，并将所学灵活运用到实践之中，不断提高自己的美甲技术水平。但由于作者水平有限，书中难免有疏漏之处，敬请广大读者批评指正。

编者

2022年1月

目录
CONTENTS

第三章 美甲方法

第四章 美甲装饰

第五章 雕花甲装饰

第六章

指甲彩绘

课题名称

美甲基础

课题内容

1. 认识指甲
2. 美甲的概念及分类
3. 美甲工具与产品

教学目的

1. 了解美甲的基础概念，引导学生遵守并实践美甲师的基本职业素养，为成为一名美甲师做准备。
2. 认识指甲的生理构造，了解指甲的外观与健康，正确地选择美甲外观形状。
3. 认识各种美甲工具和产品，了解它们的用法，引导学生正确认识美甲工具消毒与清洁的重要性，做好工具的维护与存放。

教学要求

1. 了解认识指甲的概念、结构，学会分析指甲的颜色与健康。
2. 了解甲形的分类，掌握选择适合甲形的方法。
3. 掌握美甲的概念和分类。
4. 理解美甲师职业素养的要求，引导学生遵守职业道德。
5. 认识美甲工具及产品，掌握美甲工具的分类与作用。
6. 学习美甲工具的清洁、消毒方法，认识消毒的重要性。

课前（后）准备

以小组为单位预习，查找收集美甲款式图片，拍摄不同甲形的照片，观察指甲颜色与外观。提前准备好相关工具及产品，便于课上认知。

课题时间
10 课时

教学方式
讲授法、
讨论法

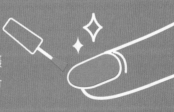

第一节

认识指甲

一、指甲构造解析

指甲是皮肤的附件之一，具有特定的功能。其主要成分是角蛋白和蛋白质，发挥着保护指尖，协助手完成抓、捏等动作的重要作用。经过美甲师的专业修饰，指甲还能修饰手部，增加女性的魅力。指甲主要由以下十个部分组成（图1-1）。

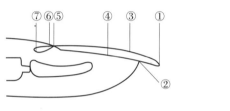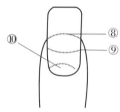

图1-1

①指甲前缘：也叫指甲尖，是指甲顶部延伸出甲床的部分。

②指芯：指甲前缘下方的薄层皮肤。

③甲体：也叫甲板、甲盖，覆盖在甲床上，位于指皮和指甲前缘之间，就是人们常说的指甲。

④甲床：位于甲盖下方，与之紧密相连，含有大量的毛细血管和神经。

⑤甲基：又称甲母，位于指甲根部，其产生的角蛋白细胞是指甲生长的源泉。

⑥甲根：位于皮肤下面，极为薄软，可产生新的指甲，促进指甲新陈代谢。

⑦指皮：指甲根部的角质，用于保护指甲根部的柔软部分。

⑧游离缘：位于甲床前缘，又称微笑线。

⑨甲沟：指甲两侧的凹陷处。

⑩甲弧：又称甲半月，位于指甲根部，呈白色，与甲盖相连。

二、指甲的颜色与健康

健康的指甲有充分的血液供给，甲面光滑，呈粉红色，厚薄适度，饱满圆润，有光泽感。健康的指甲每月生长3毫米左右，新陈代谢期为半年，其生长速度也受健康情况和季节变化的影响，冬季生长较慢，夏季生长较快。

指甲颜色及状态的不正常变化，在一定程度上是由营养缺乏、身体疾病或细菌感染引起的。身体内部的变化会引起指甲的变化，如指甲发白是由血液供给不足引起的，指甲发蓝是由肺部供氧不足引起的，甲弧青紫则是由血液循环不好造成的。若发现指甲有此症状，还需及时就医。

除此之外，一些常见的指甲问题，可以通过美甲手法进行改善。

1. 甲沟破裂及甲刺

甲沟破裂及甲刺是由手部皮肤干燥而引起的，一般跟季节有一定的关系，多发于秋冬季节。改善方法是多做手部护理，涂抹滋润的护手霜，保持手部周围皮肤的湿润，多食用胡萝卜等富含维生素A的食物。

2. 咬残指甲

咬残指甲是由于习惯所致，制作美甲时可粘贴甲片，不但美化了指甲，还能帮助顾客改掉坏习惯。

3. 指皮过长

指皮过长是因为长期不做指甲护理和保养，老化的指皮过度堆积所致，美甲前要先进行软化修剪。

4. 蛋壳状指甲

蛋壳状指甲脆薄易断、指甲前缘常向下弯曲，此类指甲通常是由遗传或受伤等情况造成的。制作美甲时可先对其进行加固，也可用光疗延长的方法改善形状，但不宜粘贴甲片。

5. 勺形指甲

勺形指甲是由营养不良引起的，尤其是缺铁性贫血。患者应多食绿色蔬菜、红肉、坚果等富含矿物质的食物。此种指甲不宜粘贴甲片，可做光疗延长。

6. 指甲纹路

横纹是因由身体疾病或营养不良造成的阶段性营养供给不足形成的。竖纹则是生活习惯不良，如熬夜、酗酒，精神紧张等的反映。美甲时只需要适度地打磨，便可解决此类问题。

7. 嵌甲

嵌甲主要发生于脚部，是穿鞋不当或修剪不当引起的，如处理不当感染后会形成甲沟炎。有此种情况，建议及时就医，平时做好指甲护理。

8. 灰指甲

灰指甲呈黄色或灰色，生长速度缓慢，增厚。它是由真菌感染引起的，患者应保持指甲透气，或及时就医，不适合过多的美甲方式。

三、甲形的选择

不同的手形及不同的穿衣风格，都将决定合适的指甲形状。一般情况下，可以选择的指甲形状有以下五种。

1. 方形指甲

方形指甲带有棱角，常用于职业风格的美甲，也适合各个款式美甲的基础修形（图1-2）。

2. 方圆形指甲

方圆形指甲是在方形甲基础上去除了棱角，更为耐磨，不易折断，是一种较为时尚的甲形，适合手指修长的人（图1-3）。

3. 圆形指甲

指甲的自然形态多为圆形，所以圆形指甲朴实，无修饰感，适合男士美甲（图1-4）。

4. 椭圆指甲

椭圆指甲修饰手形，风格多变，是最常用的甲形，也是手指较粗、手形较胖的顾客的首选（图1-5）。

5. 尖形指甲

尖形指甲形状特别，充满个性，常用于艺术美甲的夸张风格，但比较脆弱、易断（图1-6）。

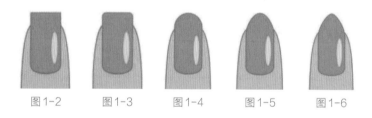

图1-2　　　图1-3　　　图1-4　　　图1-5　　　图1-6

第二节

美甲的概念及分类

一、美甲的概念

美手、美甲文化起源于人类发展时期，在人类文化中的历史源远流长。美甲技术由来已久，古埃及人最初使用动物皮毛摩擦指甲使之平滑、富有光泽，并且涂以散沫花，使之呈现迷人的艳红色。早在我国唐代时期，就有了染指甲的风尚，所用的材料是凤仙花。在古代，美甲是美的装饰，更是地位的象征。无论哪个民族、种族，对美的追求都是相似的，在不断追求美的过程中，美甲技术也在与时俱进地发展普及，成为人们不可或缺的一部分。

美甲是一种对指甲进行装饰美化的工作，又称甲艺设计，具有表现形式多样化的特点；是根据客人的手形、甲形、肤质、服装的色彩和要求，对其指甲进行消毒、清洁、护理、保养、修饰美化的过程。美甲是一门技术，同时也包含了艺术与文化的内涵。

二、美甲的分类

1. 按使用材料分类

（1）指甲油美甲：指甲油美甲是指使用甲油材料涂抹而成，不需要UV灯照射的美甲方式。指甲油材料也在不断更新，朝着更健康、简便的方向发展。

（2）光疗美甲：光疗美甲是通过紫外线A的照射，使光疗树脂凝胶固化的仿真甲技术，是现下应用最为广泛的美甲技术，其形式多变、款式丰富，受到广大美甲师的喜爱。

（3）全贴纸美甲：全贴纸美甲是适合DIY的一种新型美甲方式，通过粘贴专业贴纸和修正形状就可以快速做出各种花样。这种美甲方便快捷，但持久度不佳。

2. 按装饰方法分类

（1）纯色美甲：纯色美甲是仅涂抹颜色，不加装饰的美甲方法。因其具有简洁大方的特点而较为常用。

（2）彩绘美甲：彩绘美甲是用彩绘胶或丙烯颜料进行图案创作的美甲方式，图案丰富多变，富有艺术感。

（3）贴片美甲：贴片美甲是运用甲片粘贴的方式对原本的甲形进行修饰或延长，用来打造修长的甲形。

（4）光疗延长美甲：光疗延长美甲是运用多功能胶在纸托上做出指甲的延长部分，相较贴片美甲来说，更逼真、舒适。

（5）贴饰美甲：贴饰美甲是运用钻饰，贴花等装饰品进行粘贴来装饰指甲的方法。

（6）雕花美甲：雕花美甲是用雕花胶、浮雕胶在甲面做出立体效果的美甲方式。

（7）新型材料美甲：新型材料美甲是指运用新的材料和手法进行美甲装饰的方法，如星空胶、晕染胶等。

三、美甲师的基本条件和职业素养

1. 美甲师的基本条件

美甲是一个集专业技能、审美水平为一体的服务行业，因此它对从业者的要求是综合的。作为一名优秀的美甲师，必备的技能有以下六个方面。

（1）专业的美甲技能。

（2）一定的审美水平及美术基础。

（3）较好的语言沟通能力。

（4）对时尚的把控能力。

（5）自我创新和学习能力。

（6）良好的心态及心理素质。

2. 美甲师的职业素养

（1）专业形象和服务意识：美甲是服务行业，专业的形象和得体的服务是成为一名优秀的美甲师必不可少的素养。从职业素养来说，良好的个人卫生情况是非常重要的一点。专业的工作套装及围裙可以塑造良好的职业形象，佩戴专业的口罩可以保护自己及顾客，避免交叉感染；还可以隔离美甲试剂，避免人体吸入。另外，佩戴得体的饰品，穿着舒适的鞋子，化着淡淡的妆容，做过美甲的手，都是专业性的一种体现。除此之外，热爱本职工作、遵时守信、举止规范、勤奋努力、钻研创新等职业素质也是美甲师职业素养中不可或缺的一部分。

从服务意识来讲，美甲师应和气待人，言行举止亲切有礼，保持积极的工作状态。工作时，应控制好音量，不大声谈笑，行走坐姿端正，以专业的态度及技术来服务顾客。

（2）建立顾客档案：美甲是一个顾客黏性较大的行业，美甲款式需要定期更换，因此作为一名专业的美甲师，应当熟记客人的指甲状况，叮嘱客人注意事项，帮助客人定期养护，维持指甲的健康状态。通过记录（表1-1、表1-2），将客人的到店时间、到店频率、美甲项目、指甲状态归档，使服务更有针对性，令顾客更放心。

表1-1　顾客档案

姓名	
生日	
联系电话	
地址	
职业	
您是如何看到本店信息的	看到店面（　　）朋友介绍（　　）网络推送（　　）宣传页（　　）

表1-2 美甲记录单

日期	项目	价格	款式简图
美甲师	产品	价格	
合计			
日期	项目	价格	款式简图
美甲师	产品	价格	
合计			
日期	项目	价格	款式简图
美甲师	产品	价格	
合计			

第三节

美甲工具与产品

一、必备工具及产品

1. 修剪工具

（1）指甲剪：指甲剪用于修剪指甲前缘（图1-7）。

（2）死皮剪：死皮剪用于修剪指甲周围的死皮、甲刺等（图1-8）。

（3）死皮叉：死皮叉用于修剪指甲两侧的死皮（图1-9）。

（4）钢推：钢推用于推开指皮，便于修剪（1-10）。

（5）一字剪：一字剪用于贴片甲和人造甲的修剪（1-11）。

图1-7

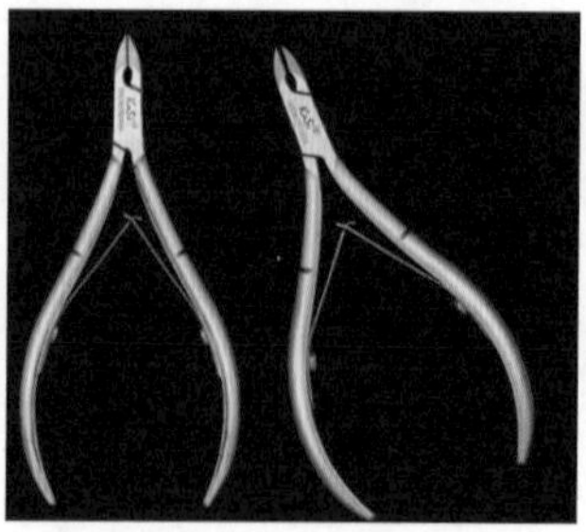

图1-8

图1-9

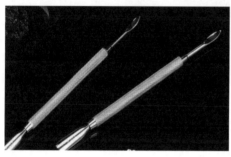

图1-10

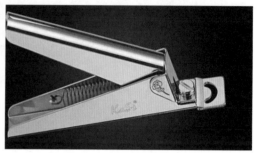

图1-11

2. 打磨工具

（1）锉条：锉条摩擦力度大，用于打磨人造指甲、打磨甲面、修整甲形，有薄厚两款（图1-12）。

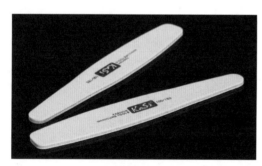

图1-12

（2）海绵锉：海绵锉颗粒较细，用于修整甲面和指甲前缘（图1-13）。

（3）抛光条：抛光条表面光滑，用于甲面抛光，有粗细面之分，先粗后细，来回抛磨便可完成甲面抛光（图1-14）。

（4）羊皮锉：羊皮锉用于甲面打蜡，来回磋磨，维持甲面光亮，保护指甲（图1-15）。

（5）打磨块：打磨块的用法同锉条，用于打磨修形（图1-16）。

（6）抛光块：抛光块的用法同抛光条（图1-17）。

图1-13

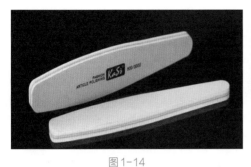

图1-14

图1-15

图1-16

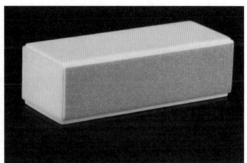

图1-17

3. 辅助工具

（1）光疗灯：现多用LED灯，用于光疗甲的固化（图1-18）。

（2）指甲托：甲片可通过美甲黏土粘贴在甲托上方，方便制作美甲款式时甲片的固定。美甲黏土是配合指甲托使用的，具有粘贴牢固、容易去除，方便使用的效果（图1-19）。

（3）美甲工具箱：美甲工具箱可用来放置美甲工具与产品，方便携带（图1-20）。

（4）美甲钻盒：美甲钻盒可用来放置美甲水钻、饰品材料（图1-21）。

（5）色卡：色卡是用来记录甲油颜色的，方便根据编号进行一一对应，有多种样式，是记录甲油胶色彩、方便美甲制作的重要工具（图1-22）。

（6）手枕：手枕用于顾客美甲及手部修护，更舒适方便（图1-23）。

图1-18

图1-19

（7）猫眼胶磁铁：猫眼胶磁铁是利用磁力使猫眼胶中的金属颗粒聚集，形成类似猫眼石图案的美甲款式，其形式多样，形成的图案也非常丰富（图1-24）。

（8）甲油胶调色盘：甲油胶调色盘用来调和及盛放甲油胶（图1-25）。

（9）橘木棒：橘木棒用于雕花胶等黏稠胶体的取用及按压制作（图1-26）。

（10）镊子：镊子有直镊、弯镊两种，用于镊取美甲饰品（图1-27）。

（11）塑形夹：塑形夹是在制作延长甲时，塑造甲形的工具（图1-28）。

（12）点珠笔：点珠笔用于点画圆点图样，如波点等。蘸取彩色甲油胶或丙烯颜料，直接点于甲面之上，便可得到圆形图案（图1-29）。

（13）绘笔：绘笔指小笔，用于绘画复杂线条和面积较小的花朵、叶子等图案（图1-30）。

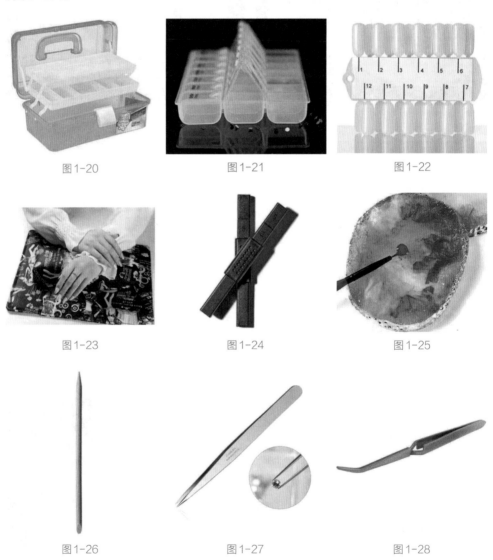

图1-20　　　　　　　　图1-21　　　　　　　　图1-22

图1-23　　　　　　　　图1-24　　　　　　　　图1-25

图1-26　　　　　　　　图1-27　　　　　　　　图1-28

（14）拉线笔：拉线笔适合画细而长直的线条（图1-31）。

（15）斜头排笔：斜头排笔用于画甲面排笔图案，或羽毛、叶片等细致线条（图1-32）。

（16）平头排笔：平头排笔的用途同斜头排笔，适合勾画排笔花朵等渐变线条（图1-33）。

（17）圆头花瓣笔：圆头花瓣笔适合画大小花瓣和叶子（图1-34）。

（18）光疗笔：光疗笔适合各种光疗美甲、延长甲及格子图案等（图1-35）。

（19）雕花笔：雕花笔用于制作雕花指甲（图1-36）。

图1-29

图1-30

图1-31

图1-32

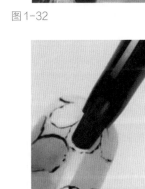

图1-33

图1-34

（20）晕染笔：晕染笔用于晕染图案及纹理（图1-37）。

（21）锡纸：锡纸主要用于辅助琉璃甲的制作及在卸除指甲时包裹甲面（图1-38）。

（22）纸托：纸托常用于延长甲的制作，作为支撑模具辅助延长（图1-39）。

图1-35   图1-36

图1-37   图1-38

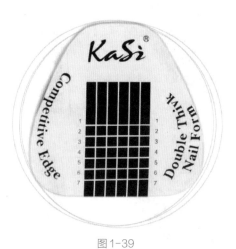

图1-39

4. 清洁工具

（1）卸甲夹：卸甲夹常在卸除指甲时使用，可包裹指尖，防止卸甲液的挥发（图1-40）。

（2）泡手碗：在泡手碗中加入温水，浸泡指尖，方便软化即将被清除的指尖角质（图1-41）。

（3）棉片：棉片用于清洁指甲表面的粉尘及浮胶（图1-42）。

（4）水晶杯：水晶杯一般为玻璃材质，用于分装各种美甲液体，盖子用来防止挥发（图1-43）。

（5）粉尘刷：粉尘刷用于清洁指甲上的灰尘（图1-44）。

（6）按压瓶：按压瓶用于分装美甲液体，按压可取，与棉片搭配非常方便（图1-45）。

图1-40

图1-41

图1-42

图1-43

图1-44

图1-45

5. 美甲产品

（1）指甲油：指甲油有多种颜色，涂抹于指甲表面，晾干即可。有普通指甲油和可撕剥指甲油两种（图1-46）。

（2）打蜡套组：打蜡套组由美甲蜡和羊皮锉组成，用于指甲打蜡，保护甲面，使之水润有光泽（图1-47）。

（3）指皮软化剂：指皮软化剂有笔装和瓶装两种，涂在甲面周围的皮肤上，用来软化死皮及指皮，方便清除死皮（图1-48）。

（4）营养油：营养油有笔装和瓶装两种，涂在甲面周围的皮肤上，用于保护皮肤，防止干燥、皲裂及倒刺的产生，一般在美甲完成之后涂抹（图1-49）。

（5）卸甲液：卸甲液和棉花、锡纸或卸甲夹配合使用，用来卸除光疗甲（图1-50）。

（6）凝胶清洁剂：凝胶清洁剂又称快干水，用于擦拭凝胶（图1-51）。

（7）卸甲包：卸甲包用来卸除指甲，方便快速（图1-52）。

（8）防溢胶：防溢胶涂于指甲周围的皮肤上，可撕拉，防止美甲颜料沾于皮肤表面，一般在转印印花胶图案时配合使用（图1-53）。

（9）甲油胶套组：甲油胶套组包装一致，成套系使用，包含平衡液、底胶、多种色彩甲油胶、封层、加固胶。

（10）平衡液：平衡液又称干燥剂，用于去除甲面的油分及水分，防止底胶脱落。

图1-46

图1-47

图1-48

图1-49

图1-50

图1-51

图1-52

（11）底胶：底胶也称黏合剂，涂于甲油胶之前，其作用是使自然指甲和甲油胶黏合得更紧密。

（12）甲油胶：甲油胶有多种色彩和光泽。经过紫外线照射即可凝固的树脂甲油胶是现下最为流行的美甲产品，易于操作，且较稳定。

（13）加固胶：保护指甲增加硬度，涂于封层之前。

（14）封层：封层的作用是保护甲油胶，使甲面持久固色有光泽，一般涂在最外层（图1-54）。

（15）多功能胶：多功能胶又称透明胶、模型胶，可用于美甲镶饰、延长甲等，可塑性强（图1-55）。

（16）新型延长胶：新型延长胶配合甲膜使用，可快速延长指甲（图1-56）。

（17）彩色光疗胶：彩色光疗胶有多种色彩和光泽，用来装饰甲面，制作时偏厚，但光泽更好，有水润感（图1-57）。

（18）印花胶：印花胶配合转印板和转印橡皮使用，能快速在指甲表面做出装饰图案（图1-58）。

（19）彩绘胶：彩绘胶较甲油胶更浓稠，用于彩绘装饰，方便上色（图1-59）。

（20）雕花胶：雕花胶是膏状胶体，用于雕花图案的制作（图1-60）。

（21）浮雕胶：浮雕胶偏浓稠，用于制作浮雕立体图案（图1-61）。

（22）琉璃胶：琉璃胶是半透明胶，又叫果冻胶，用于制作琉璃甲（图1-62）。

图1-53

图1-54

图1-55

图1-56

图1-57

图1-58

（23）猫眼胶：猫眼胶是一种特殊的甲油胶，加入了彩色金属颗粒配合猫眼磁石使用，使可制作出猫眼石般的光泽效果（图1-63）。

（24）甲片：甲片有半贴、全贴等多种形状及颜色，粘贴于甲面用于延长指甲或修补残缺指甲（图1-64）。

（25）美甲胶水：美甲胶水有多种包装，用于粘贴甲片、配饰等（图1-65）。

（26）美甲装饰：美甲装饰有多种款式，常见的有亮片、贝壳、珍珠、钻饰等，用来装饰美甲（图1-66）。

（27）美甲贴画：美甲贴画是一种图案贴画，方便、快捷、多样（图1-67）。

（28）手护套装：手护套装包含洗手液、去死皮膏、按摩膏、手膜、护手霜等，用于手部皮肤护理（图1-68）。

图1-59　　　　　　　　　　　　　　　图1-60

图1-61　　　　　　　　　　　　　　　图1-62

图1-63　　　　　　　　　图1-64　　　　　　　　　图1-65

图1-66

图1-67

图1-68

二、美甲工具的清洁、消毒

1. 工具的清洁

　　美甲师应将所用的工具、材料整齐地排放于美甲台之上，方便取用，美甲台按时清洁、消毒。美甲柜上的所有胶类不能被光源直射，美甲笔用完应及时清洁，避免结块。准备垃圾袋或带盖子的垃圾篓，及时处理美甲垃圾。手枕垫于顾客手下方，应包裹美甲巾，并做到"一客一换"，使顾客感到干净舒适。

2．工具的消毒

一次性工具，如美甲棉片、美甲巾、棉花，应做到及时更换，不能交叉使用。其他所有工具也应"一客一消毒"。消毒方法有物理消毒法和化学消毒法。

（1）物理消毒法。将美甲工具煮沸，或放于专用美甲消毒柜中，利用紫外线或蒸汽进行消毒。

（2）化学消毒法。将美甲工具浸泡于75%的酒精、专用消毒剂中，或放入臭氧消毒柜中的消毒方法都是化学消毒法。其中酒精消毒是常用的消毒方法。

3．手部消毒

美甲师及顾客都应先进行手部消毒，并佩戴口罩，避免交叉感染疾病。日常消毒的步骤为：先用洗手液清洁双手，再用棉片蘸取75%的酒精擦拭，指甲周围、内侧也要消毒到位。若美甲的过程中手指受伤了，应立即停下美甲服务，进行消毒包扎。

本章小结

* 指甲是皮肤的附件之一，具有特定的功能。

* 健康的指甲有充分的血液供给，甲面光滑，呈粉红色，厚薄适度，饱满圆润，有光泽感。

* 一些常见的指甲问题，可以通过美甲手法去进行改善。

* 方形指甲带有棱角，常用于职业风格的美甲，也适合指甲修形。

* 指甲的自然形态多为圆形，所以圆形指甲朴实，无修饰感，适合男士美甲。

* 椭圆美甲修饰手形，风格多变，是最常用的甲形，也是手指较粗、手形较胖的顾客的首选。

* 美甲是一种对指甲进行装饰美化的工作，又称甲艺设计，具有表现形式多样化的特点。

* 美甲按使用材料可分为指甲油美甲、光疗美甲、全贴纸美甲。

* 美甲按装饰方法分类可分为纯色美甲、彩绘美甲、贴片美甲、光疗延长美甲、贴饰美甲、雕花美甲、新型材料美甲。

* 美甲是一个顾客黏性较大的行业，美甲款式需要定期更换，因此，建立顾客档案就显得非常重要。

* 光疗美甲是通过紫外线A的照射使光疗树脂凝胶固化的仿真甲技术，是现下应用

最为广泛的美甲技术，其形式多变、款式丰富，受到广大美甲师的喜爱。

❋ 美甲师应将所用的工具、材料整齐地排放于美甲台之上，方便取用，美甲台按时清洁、消毒。

❋ 一次性工具，如美甲棉片、美甲巾、棉花，应做到及时更换，不能交叉使用。其他所有工具也应"一客一消毒"。

❋ 物理消毒法：将美甲工具煮沸；或放于专用美甲消毒柜中，利用紫外线或蒸汽进行消毒。

❋ 化学消毒法：将美甲工具浸泡于75%的酒精、专用消毒剂中，或放入臭氧消毒柜中的消毒方法都是化学消毒法，其中酒精消毒是常用的消毒方法。

❋ 美甲师及顾客都应先进行手部消毒，并佩戴口罩，避免交叉感染。

思考与练习

1. 指甲的概念、结构是什么？
2. 分析指甲的颜色与健康。
3. 甲形的分类有哪些？掌握选择合适甲形的方法。
4. 美甲的概念是什么？
5. 美甲的分类有哪些？
6. 为什么要建立顾客档案，怎样完善顾客档案？
7. 美甲工具包含什么？
8. 美甲工具的清洁有什么作用，怎样进行清洁？
9. 美甲工具的消毒有什么作用，怎样进行消毒？

第二章 手部的基本护理与美甲的卸除

课题名称

手部的基本护理与美甲的卸除

课题内容

1. 手部护理与甲部基础护理
2. 甲部修形
3. 美甲的卸除

教学目的

通过演示、实践，使学生掌握手部护理、甲部护理的方法，熟练掌握甲部修形的技能，学会美甲的卸除方法。

教学要求

1. 掌握并应用手部护理、甲部护理的方法。
2. 掌握五种甲形的修饰方法。
3. 学会美甲的卸除方法。

课前（后）准备

准备美甲工具及产品，做好消毒清洁，整理工作台。

课题时间
8 课时

教学方式
讲授法、讨论法、
直观演示法、
任务驱动法

手部护理与甲部基础护理

手是女人的第二张脸，手能暴露女人的年龄。手上也有很多穴位，做手部护理不仅能起到延缓手部肌肤衰老、强化手部肌肉弹性、按摩内脏器官、避免秋冬皮肤皲裂的作用，还可以使手指变得更加美丽、灵活。

一、手部护理

1. 手部护理常用工具和材料

手部护理常用工具和材料有毛巾、清洁乳、按摩膏、手膜、手霜、保鲜膜等。

2. 手部护理流程如下

（1）清洁手部以后，取适量按摩膏放置于手心，均匀推开（图2-1）。

（2）将按摩膏均匀涂抹在顾客手心手背上（图2-2）。

（3）轻轻揉按手部，使手部肌肤更润（图2-3）。

（4）双手握住顾客的手背，用双手拇指从手背中间往两边拨筋按摩，在此时要注意用力（图2-4）。

图2-1

图2-2

图2-3

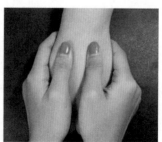

图2-4

（5）用打圈的方法按摩每一根手指，并且每一个指关节都要注意停顿按压（图2-5）。

（6）用大拇指揉、按手部虎口穴位，舒缓手部神经（图2-6）。

（7）揉按掌心不同穴位（图2-7）。

（8）以打圈的方式揉按掌心大小鱼际（图2-8）。

（9）用手与顾客的手五指交叉，用力向前拉，再向后按压（图2-9）。

（10）再次揉按每一根手指（图2-10）。

（11）五指并拢轻轻拍打顾客手背，用整个手掌轻按顾客双手使其达到放松效果（图2-11）。

（12）用毛巾包裹顾客的手部，擦拭手心手背。注意手指也要逐根依次擦干净（图2-12）。

（13）结束后给顾客双手涂抹手霜，手部护理完成（图2-13）。

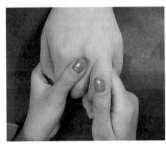

图2-5　　　　　　　　　　　　　　　图2-6

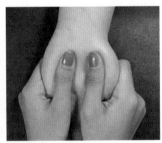

图2-7　　　　　　　　　　　　　　　图2-8

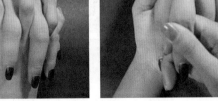

图2-9　　　　　　图2-10　　　　　　图2-11

图2-12   图2-13

二、甲部基础护理

　　完整的甲部基础护理需要的工具和材料有抛光条、打磨条、海绵锉、羊皮锉、粉尘刷、钢推、死皮推、死皮剪、指甲剪、泡手碗、死皮软化剂、营养油、消毒酒精、无纺布美甲巾、钙油、美甲抛光蜡等。护理前后效果对比如图2-14所示。甲部基础护理流程如下：

　　（1）把打磨条放在指甲前端，将指甲打磨至心仪的长度后，再将打磨条倾斜，从指甲左右两侧向中间方向移动修磨（图2-15）。

　　（2）将打磨条竖直，修整一边甲侧使之与前端过渡圆润。另一边用同样的方法，修理对齐（图2-16）。

　　（3）将指甲翻过来，用海绵锉将粗糙的甲屑打磨干净，使指甲边缘光滑（图2-17）。

　　（4）用海绵锉横向单一方向用力打磨甲面（注意不要来回用力），至甲面上的竖纹消失（图2-18）。

　　（5）用粉尘刷将甲面指甲屑清扫干净（图2-19）。

　　（6）用抛光条来回打磨甲面，将甲面上的磨痕打磨至光滑（图2-20）。

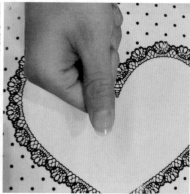

图2-14

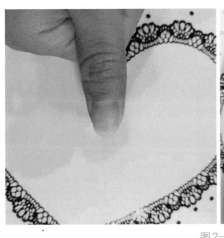
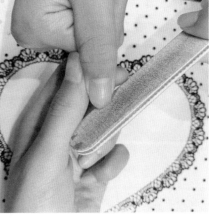

图2-15

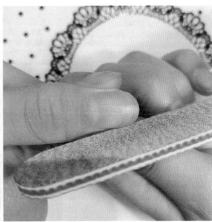

图2-16

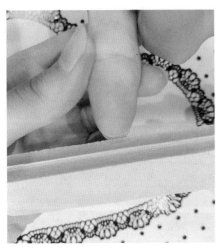

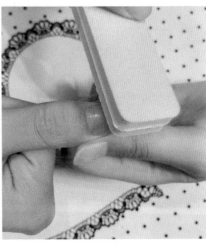

图2-17　　　　　　　　　图2-18

（7）涂抹死皮软化剂。需将死皮软化剂均匀涂抹在手指指肚、指甲四周边缘，注意死皮软化剂尽量不要涂抹到甲面上（图2-21）。

（8）用酒精将护理工具进行消毒（图2-22）。

（9）用钢推轻轻推动顶部死皮，再从右侧开始向后缘和左侧呈放射状推动，钢推与甲面之间的倾斜角度应为45°～60°，避免伤及本甲（图2-23）。

（10）用一块无纺布美甲巾，折叠并包裹大拇指，注意包裹结实不能松散（图2-24）。

（11）将无纺布美甲巾与死皮剪搭配使用，手心朝上握紧死皮剪（图2-25）。

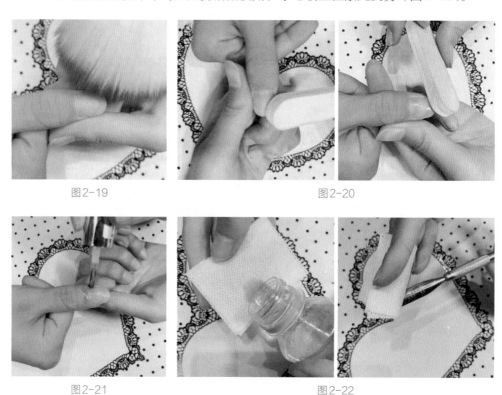

图2-19　　　　　　　　　　　　　　　　　　图2-20

图2-21　　　　　　　　　　　　　　　　　　图2-22

图2-23

（12）用包裹无纺布美甲巾的拇指蘸取杯里的清水，浸湿拇指上的无纺布美甲巾，用于滋润指甲周边的死皮（图2-26）。

（13）依次用大拇指上的无纺布美甲巾擦拭指甲后缘两侧（图2-27）。

（14）用死皮剪从右侧开始剪去甲侧及后缘死皮和倒刺。注意，握紧死皮剪的手要有支撑点，剪死皮时不要左右摇晃。修剪右侧拐角处及后缘位置时，用左手的食指与中指中间位置做支撑点。修剪左侧时支撑点也在手掌上（图2-28）。

（15）修剪完死皮后，用竹签蘸取少量美甲抛光蜡于甲面上（图2-29）。

（16）用羊皮锉快速来回打磨抛光蜡，使其均匀分布在甲面上，形成保护膜。注意，用羊皮锉打磨时速度一定要快，并且要用力（图2-30）。

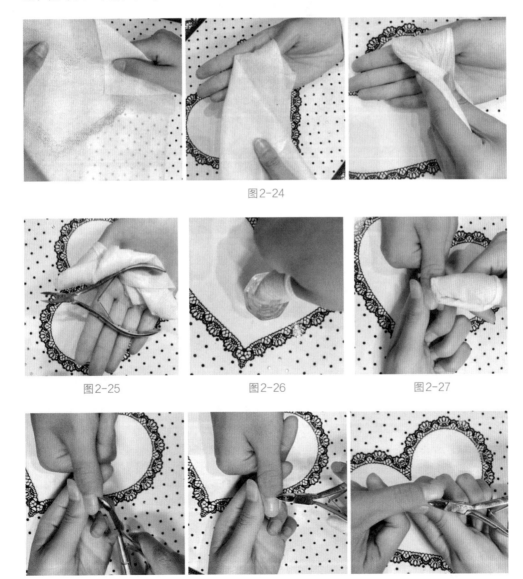

图2-24

图2-25　　　　　　　　图2-26　　　　　　　　图2-27

图2-28

（17）最后在指甲四周边缘上涂抹营养油，并揉抹均匀，甲部基础护理完成（图2-31）。

图2-29

图2-30

图2-31

第二节

甲部修形

生活中比较常见的指甲形状有方形、方圆形、圆形、椭圆形、尖形。不同的甲形在修剪过程中也要有所区分，可以根据个人的喜好和手指特征来确定一款合适的甲形。掌握正确的指甲修形方法，可以使指甲保持健康。同时，将指甲修磨出完美的形状，可以弥补手形的缺陷，使双手更加具有魅力，在此基础上做美甲造型也会更加完整、好看。

准备工具及材料：打磨条、海绵锉、粉尘刷、清洁液、无纺布美甲巾、酒精。

一、方形指甲

方形指甲受力部位比较均匀，接触面积较大，不容易断裂，是法式甲的基本形状，比较个性，适合指甲较长，甲床较大的指甲，通常适合职业女性。方形指甲修形操作流程如下：

（1）平握住海绵锉，使锉条的打磨面与指甲前缘呈90°角，平直横向打磨指甲前端（图2-32）。

（2）竖向修磨指甲两侧，两侧需平行。注意指甲两侧边缘与前端转角为直角，但是不能太过尖锐，过渡需要有一点圆润感（图2-33）。

（3）用海绵锉打磨甲面，并将指甲翻转过来，打磨掉甲缘多余的毛屑（图2-34）。

（4）清扫甲面多余粉尘，修形完成。指甲前缘与两侧垂直，两侧拐角呈直角（图2-35）。

图2-32

图2-33

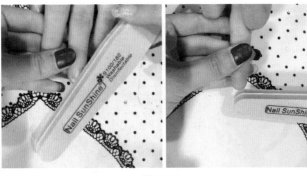

图2-34

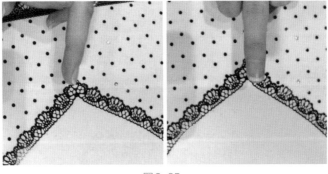

图2-35

二、方圆形指甲

方圆形指甲不易断裂，兼具圆形指甲的优雅和方形指甲的干练，给人柔和的感觉，适合绝大多数顾客，尤其手指骨节明显，手指细长的顾客。方圆形指甲修形操作流程如下：

（1）平握住海绵锉，使锉条的打磨面与指甲前缘呈45°角，开始修磨指甲前端（图2-36）。

（2）修磨指甲两侧拐角，修磨出一定的弧度，两侧弧度需对称。并竖向修磨指甲两侧，形成方圆形（图2-37）。

（3）用海绵锉打磨甲面，并将指甲翻转过来打磨掉甲缘多余的毛屑（图2-38）。

（4）清扫甲面多余粉尘，修形完成。指甲前缘与两侧平整，两侧与前缘拐角处需有一定的弧度（图2-39）。

图2-36　　　　　　　　图2-37

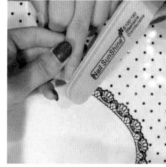

图2-38

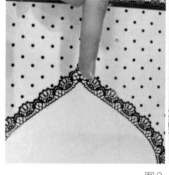
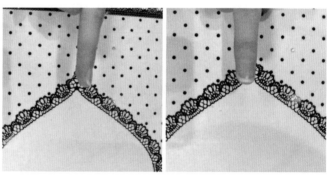

图2-39

三、圆形指甲

圆形指甲适合甲床较宽，手形手指纤长的人，能突出东方人含蓄内敛的特点。一般男士甲形修磨基本为圆形。圆形指甲修形操作流程如下：

（1）平握住海绵锉，使锉条的打磨面与指甲前缘呈45°角，开始修磨指甲前端边缘（图2-40）。

（2）确定甲形的最高点，从指甲边缘两侧向中间按圆形曲线的轨迹修磨，直至指甲边缘变得圆润、光滑。注意两侧弧度要对称（图2-41）。

（3）用海绵锉打磨甲面，并将指甲翻转过来，打磨掉甲缘多余的毛屑（图2-42）。

（4）清扫甲面多余粉尘，修形完成。指甲前缘呈半圆形，指甲两侧拐角需圆润平滑（图2-43）。

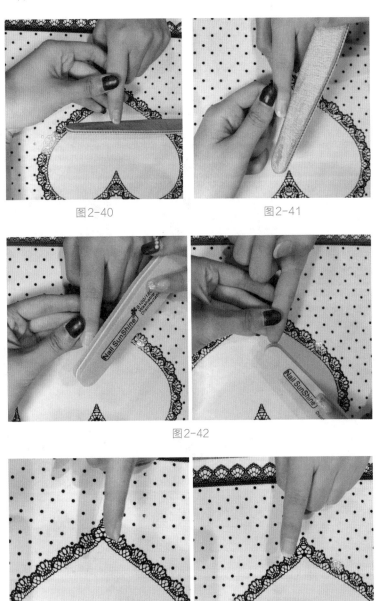

图2-40　　　　　　　　　　　　图2-41

图2-42

图2-43

四、椭圆形指甲

椭圆形指甲适合各种宽窄的甲床，长出甲床的部分可以营造一个优美的指尖，非常有女人味，属于较为传统的东方指甲。椭圆形指甲修形操作流程如下：

（1）平握住海绵锉，使锉条的打磨面与指甲前缘呈60°角，修磨指甲的一侧拐角直至有明显的圆弧（图2-44）。

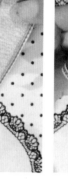

图2-44　　　　　　　　图2-45

（2）另一侧用相同的办法修磨，用海绵锉反复从两侧向中间打磨，直至两侧指甲边缘圆润而光滑。注意两侧圆弧需要对称（图2-45）。

（3）用海绵锉打磨甲面，并将指甲翻转过来，打磨掉甲缘多余的毛屑（图2-46）。

图2-46

（4）清洁甲面粉尘，修形完成。整个甲形呈椭圆状，两侧拐角圆弧弧度要明显（图2-47）。

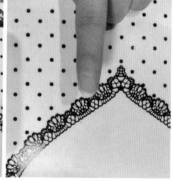

图2-47

五、尖形指甲

尖形指甲的前端被削尖，两边有弯度，易断裂，是充满古风感的个性化甲形，前卫的尖形最适合搭配水晶甲或艺术美甲。在中欧和亚洲出现较多，但是并不是人人都适合，它较适合指甲较厚的人群。尖形指甲修形操作流程如下：

（1）平握住海绵锉，使锉条的打磨面与指甲前缘呈60°角，修磨指甲的一侧直至甲形前缘呈锥形（图2-48）。

（2）另一侧用相同的办法修磨，注意两侧圆弧需要对称（图2-49）。

（3）用海绵锉打磨甲面，并将指甲翻转过来磨掉甲缘多余的碎屑（图2-50）。

（4）清洁甲面粉尘，修形完成。指甲前缘呈锥形，两侧的拐角弧度较大（图2-51）。

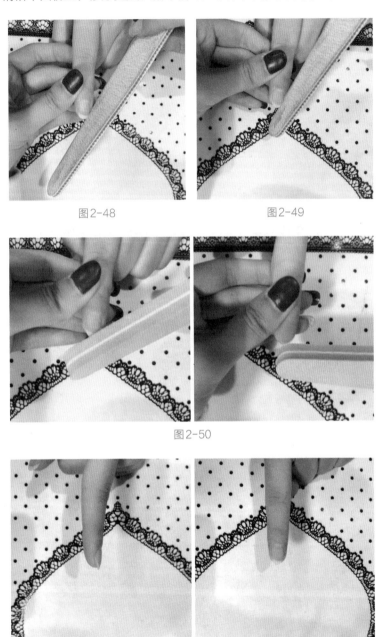

图2-48　　　　　　　　　　图2-49

图2-50

图2-51

第三节

美甲的卸除

美甲的卸除包括指甲油的卸除、甲油胶的卸除、甲片的卸除。

一、指甲油的卸除

卸除指甲油需要的工具和材料有洗甲水、无纺布美甲巾、酒精、钙油、营养油。指甲油的卸除步骤如下：

（1）倒出适量洗甲水至无纺布美甲巾上（图2-52）。

（2）用浸有洗甲水的美甲巾敷住需要卸除指甲油的甲面（图2-53）。

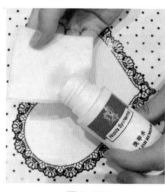

图2-52   图2-53

（3）用食指与拇指按压住甲面左右两侧，停留2～3秒，使洗甲水充分浸透指甲油，然后向下竖向擦除（图2-54）。

（4）擦除甲面中间剩余的指甲油（图2-55）。

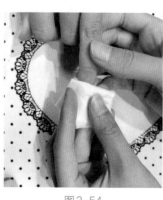

图2-54   图2-55

（5）将酒精倒至美甲巾上，对卸除后的指甲进行清洁、消毒（图2-56）。

（6）在甲面涂抹护甲钙油（图2-57）。

（7）在指甲四周边缘涂抹营养油，并揉按均匀，指甲油卸除完成（图2-58）。

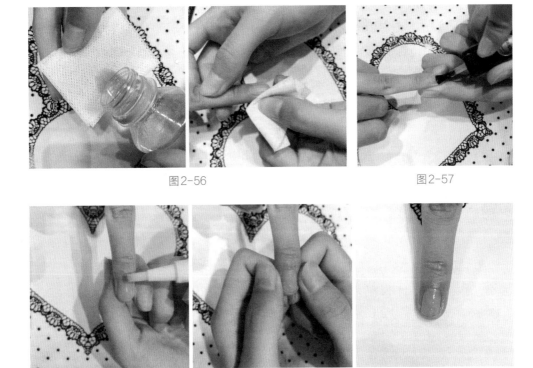

图2-56　　　　　　　　　　　　　　　　　图2-57

图2-58

指甲油卸除前后的效果对比如图2-59所示。

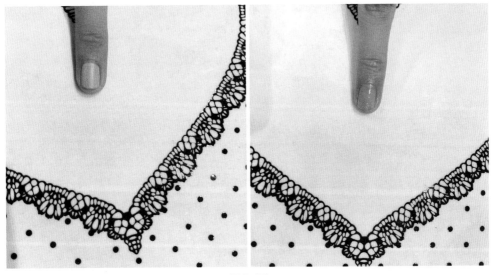

图2-59

二、甲油胶的卸除

甲油胶卸除需要的工具和材料有打磨条、海绵锉、抛光条、粉尘刷、钢推、一次性卸甲包、酒精、清洁水、无纺布美甲巾、钙油、营养油。甲油胶卸除步骤如下：

（1）用打磨条对指甲表面进行打磨，将甲面所有封层胶全部打磨掉。注意甲面所有位置必须全部打磨到位，打磨时力度要轻，速度要慢，切记不可打磨到皮肤（图2-60）。

（2）用粉尘刷扫掉多余的甲屑粉尘（图2-61）。

（3）拿出一次性卸甲包，沿卸甲包上虚线位置撕开并包裹住指甲（图2-62）。

（4）五分钟后取掉卸甲包，注意一定要包紧，使卸甲包里面的卸甲棉片充分服贴在甲面上（图2-63）。

（5）将酒精倒至无纺布美甲巾上，用美甲巾擦拭钢推，对工具进行消毒（图2-64）。

（6）用钢推轻轻推掉甲面上的甲油胶。如果出现推不动或者推不掉的情况，则需要用打磨条对甲面进行再次打磨，并用卸甲包包裹几分钟后再次用钢推推除。直至能将整个甲面上的甲油胶全部卸除（图2-65）。

（7）将整个甲面的甲油胶卸除后，用海绵锉对指甲表面上的残痕进行初步打磨，打磨光滑后再用抛光条进一步打磨抛光，直至甲面光滑即可（图2-66）。

图2-60

图2-61

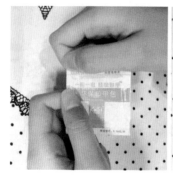

图2-62

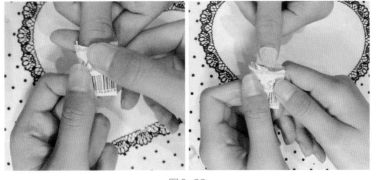

图2-63

图2-64

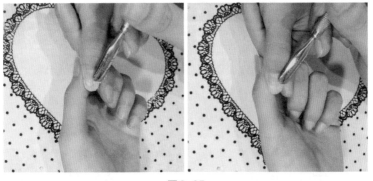

图2-65

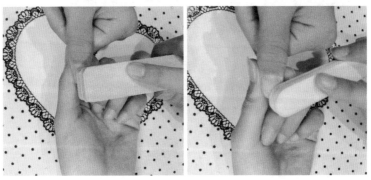

图2-66

（8）用粉尘刷扫除甲面上的甲屑粉尘（图2-67）。

（9）用无纺布美甲巾蘸取清洁水后，擦拭甲面及指甲四周边缘部位（图2-68）。

（10）在甲面涂上一层护甲钙油（图2-69）。

（11）在指甲四周边缘涂抹营养油，并揉按均匀（图2-70）。

（12）甲油胶卸除完成（图2-71）。

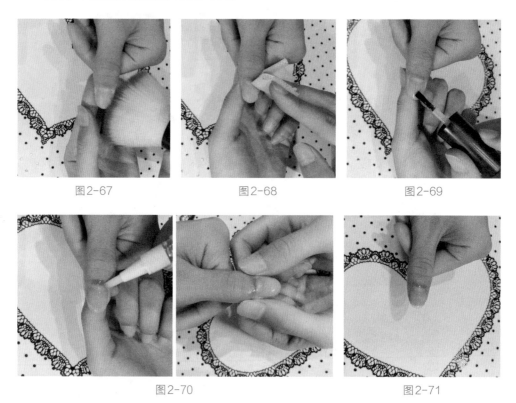

图2-67 　　　　　　　图2-68 　　　　　　　图2-69

图2-70 　　　　　　　　　　　　　　图2-71

甲油胶卸除前后的效果对比如图2-72所示。

图2-72

三、甲片的卸除

卸除甲片需要的工具和材料有打磨条、海绵锉、钢推、粉尘刷、清洁水、解胶剂、钙油、营养油。卸除甲片的步骤如下：

（1）用打磨条对指甲表面进行打磨，将甲面所有封层胶全部打磨掉。注意甲面所有位置必须全部打磨到位，打磨时力度要轻，速度要慢，切记不可打磨到皮肤（图2-73）。

（2）用粉尘刷扫掉甲面多余的甲屑粉尘后，打开解胶剂，将解胶剂涂抹于甲片与甲面之间的缝隙。注意甲片四周缝隙都要涂抹到，可以多量，使解胶剂能充分溶解甲面与甲片之间的黏合胶（图2-74）。

（3）用酒精对钢推进行消毒（图2-75），静置两分钟后，用钢推从甲面与甲片的缝隙处将指甲表面的甲片慢慢卸除。如果有卸除不干净的部分，则需重复前面的操作，直至全部卸除（图2-76）。

（4）整个甲片卸除后，用海绵锉对指甲表面上的残痕进行打磨，再用抛光条进一步抛光，直至甲面光滑（图2-77）。

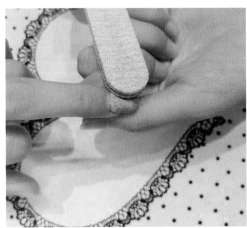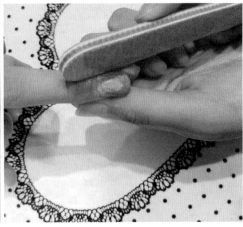

图2-73

图2-74

图2-75

图2-76

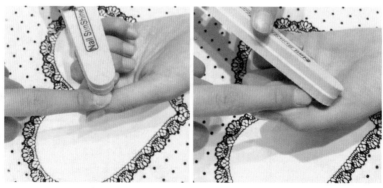

图2-77

（5）用粉尘刷清洁甲面上多余的甲屑粉尘，接着用美甲巾蘸取清洁水对甲面进行清洁（图2-78）。

（6）给甲面涂上一层护甲钙油（图2-79）。

（7）在指甲四周边缘涂抹营养油，并揉按均匀（图2-80）。

（8）甲片卸除完成（图2-81）。

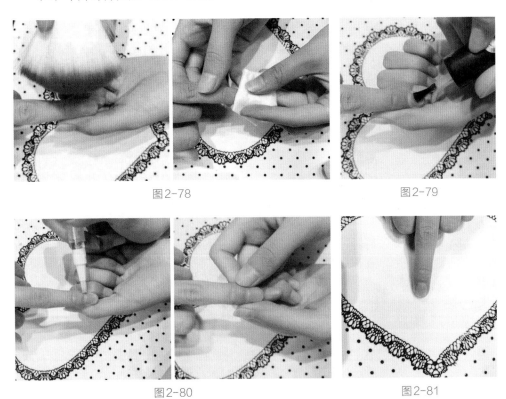

图2-78　　　　　　　　　　　　　图2-79

图2-80　　　　　　　　　　　　　图2-81

甲片卸除前后效果对比如图2-82所示。

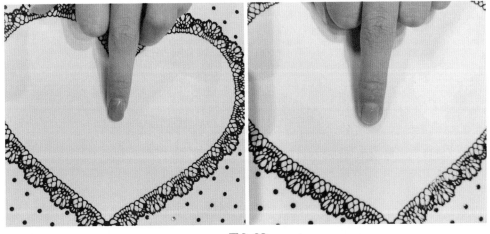

图2-82

本章
小结

❋ 做手部护理不仅能起到延缓手部肌肤衰老、强化手部肌肉弹性、按摩内脏器官、避免秋冬皮肤皲裂的作用，还可以使手指变得更加美丽、灵活。

❋ 了解手部护理与甲部护理的基本流程。

❋ 生活中比较常见的指甲形状有方形、方圆形、圆形、椭圆形、尖形，需掌握五种甲形的修整方法。

❋ 指甲油、甲油胶、甲片的卸除方法。

思考与练习

1. 为什么要做手部护理，手部护理应如何进行？

2. 为什么要做甲部护理，甲部护理应如何进行？

3. 五种甲形分别是哪些？应如何进行修整？

课题名称

美甲方法

课题内容

1. 贴甲片
2. 彩色指甲油美甲
3. 甲油胶美甲
4. 光疗甲的制作

教学目的

认识贴甲片，了解其分类，掌握不同甲片的粘贴方法。认识指甲油，学会指甲油的使用方法和美甲用法。熟练掌握甲油胶的基础用法，掌握多种甲油胶的款式与制作。了解学习彩色光疗甲及全延长自然光疗甲的制作方法。

教学要求

1. 了解贴甲片的概念和分类，掌握不同甲片的粘贴方法。
2. 认识指甲油的基础油，掌握指甲油美甲的方法。
3. 熟练掌握甲油胶的基础平涂、晕染渐变和法式甲的制作。
4. 掌握星空甲的制作方法。
5. 学会认识和使用新型胶。
6. 了解学习彩色光疗甲的制作方法。

课前（后）准备

准备美甲工具及产品，做好消毒清洁，整理工作台。

课题时间
26课时

教学方式
讲授法、讨论法、
直观演示法、
任务驱动法

第一节

贴甲片

一、贴甲片的概念及甲片的类型

贴甲片，也称贴片指甲，是目前多种美甲工艺中受到广大美甲爱好者欢迎的一种。贴甲片时先使用美甲胶水粘贴甲片，再通过打磨消除痕迹、抛光等，制作出各种各样的指甲造型。其特点是能从视觉上改变手指形状，修饰手型，给人以修长感，从而弥补手形的缺憾。常用的甲片类型主要有透明全贴甲片、肉色全贴甲片、半贴甲片、C形透明甲片、C形纯白甲片、透明法式甲片、瓷白法式甲片、外凸琉璃甲片、内花纹琉璃甲片、薄款磨砂方形甲片、薄款磨砂椭圆甲片、法式白短甲贴、法式白长甲贴、透明甲贴片等（图3-1）。

图3-1

所有不同类型的甲片统一分为0~9号，0是最大号，9号是最小号。每个甲片指尖前端的数字表示这个甲片的大小号。

二、粘贴甲片

1. 粘贴半贴甲片

半贴甲片又名U形甲片，贴在指甲的2/3处，也即只贴住甲片的一半，适合中长甲体。半贴甲片容易脱落，但是可以跟手指甲衔接得更紧密。

准备工具及材料：透明半贴甲片、美甲胶水、打磨条、海绵锉、抛光条、指甲剪、清洁液、粉尘刷、底胶、免洗封层、甲油胶、营养油。

半贴甲片的操作流程如下：

（1）做好准备工作，准备消毒好的工具，保持桌面清洁，同时对顾客及自己的双手进行消毒。

（2）选择恰当大小的透明半贴甲片，将甲片先覆盖在甲面上，用拇指按压甲片前端，对比甲片与指甲后缘的弧度是否贴合，甲片宽度应选择比甲床稍微窄一点点的（图3-2）。

（3）用打磨条对选好的甲片后缘及两侧进行修磨，使其更加贴合甲形。用打磨条轻轻打磨本甲甲面和边缘，直至甲面上的竖纹消失，甲形完整（图3-3）。

 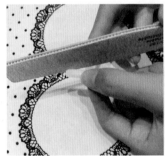 

图3-2　　　　　　　　　　　　　　图3-3

（4）用粉尘刷清扫多余的甲屑粉尘（图3-4）。

（5）在半贴甲片背后凹槽处涂抹美甲胶水，此时需注意在靠近甲片卡界线的地方，应涂抹少量胶水。甲片的后端边缘处胶水一定要涂抹到位，以防止起翘（图3-5）。

（6）快速将涂好胶水的甲片覆盖在本甲上，使二者相互贴合并用力按压固定5~6秒（图3-6）。

（7）用双手拇指在甲片两侧稍稍用力按压，进一步加固甲片与本甲之间的贴合（图3-7）。

（8）在甲片正上方进行按压，加固定型（图3-8）。

（9）粘贴好甲片后，用大拇指按压住甲片与本甲衔接处的正上方。用指甲剪剪掉多余的甲片，修至心仪的长度即可（图3-9）。

（10）修剪后的效果如图3-10所示。

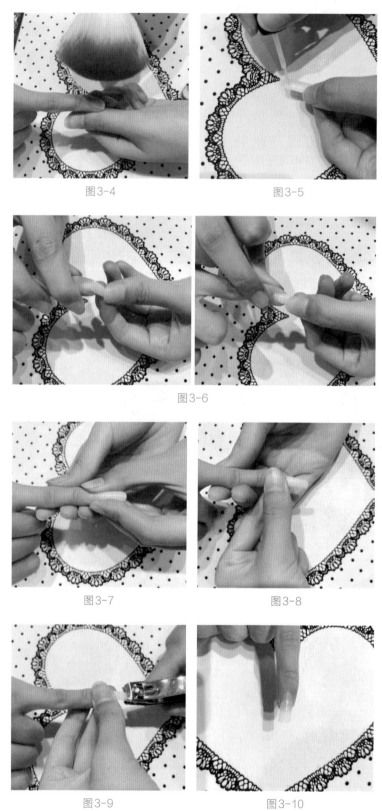

图3-4

图3-5

图3-6

图3-7

图3-8

图3-9

图3-10

（11）用打磨条对甲片边缘进行打磨修形，修至心仪的甲形即可（图3-11）。

（12）再用打磨条对甲片与本甲结合处进行打磨，修磨接痕，使其与本甲衔接得更自然（图3-12）。

（13）用粉尘刷清扫甲面上多余的甲屑粉尘（图3-13）。

（14）用美甲巾蘸取清洁液擦拭甲面，进行甲面清洁（图3-14）。

（15）在甲面上涂抹一层底胶（图3-15）。

（16）等底胶干透后再涂抹粉色指甲油，并晾置1分钟使其干透（图3-16）。

（17）涂抹封层（图3-17）。

图3-11
图3-12

图3-13
图3-14
图3-15

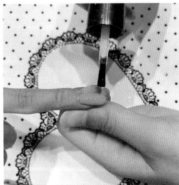

图3-16
图3-17

（18）最后在指甲四周边缘涂抹营养油，并揉按均匀（图3-18）。

（19）半贴甲片完成（图3-19）。

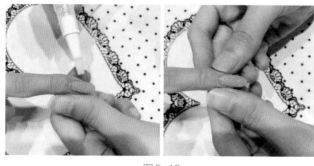

图3-18　　　　　　　　　　　　　　　　　　图3-19

半贴甲片完成前后效果对比如图3-20所示。

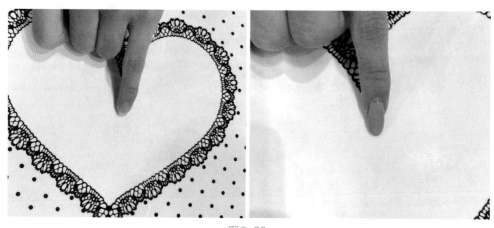

图3-20

2. 粘贴全贴甲片

全贴甲片就是甲面上全部贴上甲片，要贴在指甲的根部，更适合小甲体。其既可用于手指甲和脚指甲的制作，也可独立使用，粘贴更牢固、不易脱落，而且价格低廉，通常用于DIY美甲。

准备工具及材料：透明全贴甲片、美甲胶水、打磨条、海绵锉、抛光条、指甲剪、清洁液、粉尘刷、底胶、免洗封层、绿色胶油、UV灯、营养油。

粘贴全贴甲片操作流程如下：

（1）做好准备工作，准备消毒好的工具，保持桌面清洁，同时对顾客及自己的双手进行消毒。

（2）选择恰当大小的透明全贴甲片，将甲片先覆盖在甲面上，用拇指向下按压甲片，对比甲片与指甲边缘的弧度是否贴合，甲片宽度应选择比甲床稍微窄一点的（图3-21）。

（3）用打磨条对选好的甲片后缘及两侧进行修磨，使其更加贴合甲形（图3-22）。

图3-21　　　　　　　　　　　　　图3-22

（4）用打磨条轻轻打磨甲面，将甲面上的竖纹打磨至消失。注意整个甲面的边缘，四周都要打磨到位（图3-23）。

（5）用粉尘刷清扫多余的甲屑粉尘（图3-24）。

（6）在全贴甲片背后凹槽处涂抹美甲胶水，注意涂抹胶水时靠近甲片前端的地方，应少量涂抹。甲片的后端边缘处胶水一定要涂抹到位，防止起翘（图3-25）。

（7）快速将涂好胶水的甲片覆盖在本甲上，使二者相互贴合并用力按压固定10秒（图3-26）。

（8）用双手拇指在甲片两侧稍稍用力按压，进一步加固甲片与本甲之间的贴合（图3-27）。

图3-23　　　　　　　　　　　　　　　　　　图3-24

图3-25　　　　　　　图3-26　　　　　　　图3-27

（9）粘贴好甲片后，用大拇指按压住甲片与本甲衔接处的正上方。用指甲剪剪掉多余的甲片，修至心仪的长度即可（图3-28）。

（10）剪除后的效果如图3-29所示。

图3-28　　　　　　　　　　　　　图3-29

（11）用打磨条对甲片边缘进行打磨修形，修至心仪的甲形即可（图3-30）。

（12）用粉尘刷清扫甲面上多余的甲屑粉尘，再用美甲巾蘸取清洁液擦拭甲面，进行二次清洁（图3-31）。

（13）涂抹一层底胶，注意甲片边缘包边，然后照灯30秒（图3-32）。

（14）涂抹绿色胶油，并照灯30秒（图3-33）。

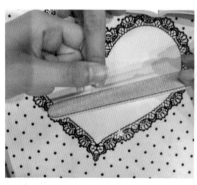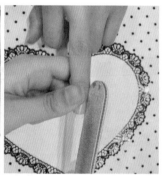

图3-30

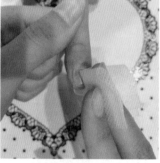

图3-31

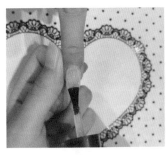

图3-32

图3-33

（15）涂抹免洗封层，照灯60秒（图3-34）。

（16）在指甲四周边缘涂抹营养油，并揉按均匀（图3-35）。

（17）全贴甲片完成（图3-36）。

图3-34

图3-35　　　　　　　　　　　　　　　图3-36

全贴甲片前后完成效果对比如图3-37所示。

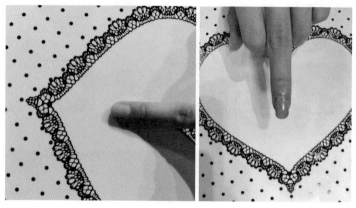

图3-37

彩色指甲油美甲

甲油方便涂抹，适用于家庭自制美甲。基础的甲油分为底油、指甲油、亮油三种（分三步进行涂抹）。可撕剥甲油，只需直接涂抹便可，卸除时可以直接撕掉，最为方便，但不易保持，容易刮花、掉落。

准备工具及材料：酒精、粉尘刷、锉条、海绵锉、死皮剪、死皮推、指皮软化剂、营养油、清洁液、护甲油、指甲油、亮油。

彩色指甲油美甲的操作流程如下：

（1）做好准备工作，准备消毒好的工具，保持桌面清洁，同时对顾客及自己的双手进行消毒。

（2）根据顾客的要求及手形、甲形修整指甲形状（图3-38）。

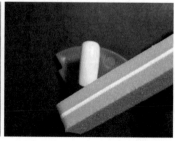

图3-38

（3）用粉尘刷清除甲面的粉尘（图3-39）。

（4）涂抹底油，尽量避免来回拉抹，甲体较长时，可先涂抹指尖部分，再从指甲后缘拉过，使之平整（图3-40）。静止风干，也可在吹风烘干机下加速风干。

（5）涂抹指甲油，方法同底油，使笔刷呈扇形向上推，使边缘平滑有弧度（图3-41）。

（6）两侧涂抹时尽量平直，涂色需均匀（图3-42）。

（7）进行包边，用毛刷轻刷指甲边缘，使之更饱满固色（图3-43）。

（8）彩色指甲油可涂抹1～2遍，但是需要在上一遍干燥后再进行涂抹（图3-44）。

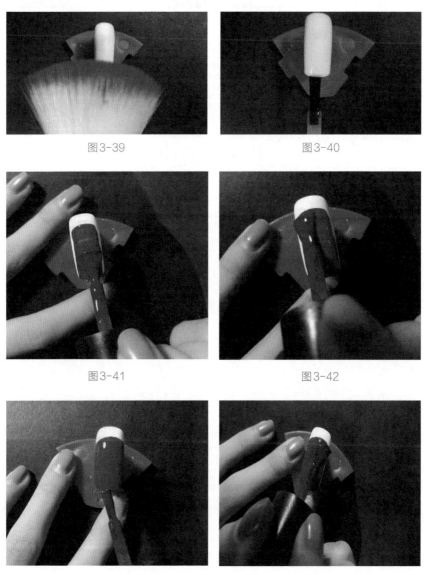

图3-39   图3-40

图3-41   图3-42

图3-43   图3-44

（9）涂抹亮油，可保护指甲油颜色并增加亮度（图3-45）。

（10）亮油同样进行包边，并风干（图3-46）。

（11）彩色指甲油美甲完成，如图3-47所示。

图3-45　　　　　　　　　　图3-46　　　　　　　　　　图3-47

第三节

甲油胶美甲

甲油胶美甲是最常用的美甲方法，它存续时间持久，操作方便，美观实用。

一、基础平涂

基础平涂是甲油胶美甲的基础，可单独制作，亦可在基础平涂的基础上制作各式各样的图案、装饰。因其易操作性及美观性，受到广大美甲爱好者的欢迎。

准备工具及材料：酒精、粉尘刷、锉条、海绵锉、死皮剪、死皮推、指皮软化剂、底胶、封层、彩色甲油胶、清洁液。

基础平涂操作流程如下：

（1）做好准备工作，准备消毒好的工具，保持桌面清洁，同时对顾客及自己的双手进行消毒。

（2）根据顾客的要求及手形、甲形修整指甲形状（图3-48）。

（3）利用海绵锉竖向打磨甲面，使甲面粗糙以便增加附着力（图3-49）。

（4）用粉尘刷清除甲面的粉尘（图3-50）。

（5）用棉片蘸取清洁液，擦洗甲面，轻轻擦拭即可，注意不要来回拉抹，以免甲面附着棉线或磨平刚打磨好的甲面（图3-51）。

（6）涂抹底胶，注意不要沾到皮肤上（图3-52）。

（7）用毛刷进行包边，涂抹指甲边缘，并照灯30秒（图3-53）。无论底胶、甲油胶、封层都要进行包边，防止甲油胶开裂分层。

（8）使用彩色甲油胶涂抹甲面，四周边缘平齐，不要沾到皮肤上，也不宜留白过宽，照灯30秒。甲油胶颜色视情况而定，可涂抹两到三遍并照灯固化，达到颜色均匀即可（图3-54）。

（9）涂抹封层覆盖，并照灯60秒。用清洁剂擦拭甲面，去除浮胶（图3-55）。

（10）涂抹营养油（图3-56）。

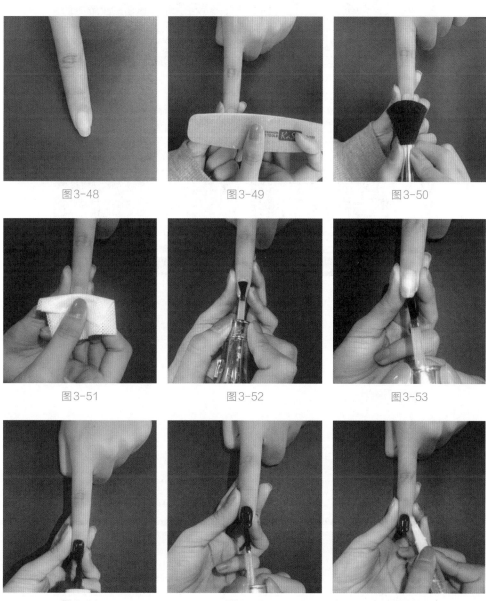

图3-48　　　　　　　　图3-49　　　　　　　　图3-50

图3-51　　　　　　　　图3-52　　　　　　　　图3-53

图3-54　　　　　　　　图3-55　　　　　　　　图3-56

（11）用双指按摩揉开营养油，使之更易被吸收（图3-57）。

（12）基础平涂完成，如图3-58所示。

基础平涂款式效果，如图3-59、图3-60所示。

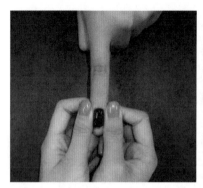
图3-57

图3-58

图3-59

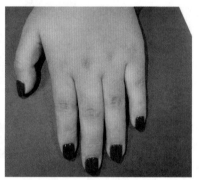
图3-60

二、晕染技法

（一）单色晕染

晕染美甲是采用多种颜色甲油晕染出来的美甲款式，晕染甲上加上小巧的饰品显得格外清新脱俗、深受美甲爱好者的欢迎。

准备工具及材料：酒精、底胶、甲油胶、晕染底胶、彩绘笔、美甲饰品、免洗封层。

单色晕染操作流程如下：

（1）做好准备工作，准备消毒好的工具，保持桌面清洁，同时对顾客及自己的双手进行消毒。

（2）在真甲上需先修剪指甲并打磨好甲面，再涂上一层底胶，注意甲片边缘包边，照灯30秒（图3-61）。

（3）将晕染底胶涂刷整个甲片（图3-62）。

（4）用彩绘笔将甲油胶竖向涂于甲面左侧，并向右侧方向拉出延伸晕染，然后放入UV灯照灯30秒（图3-63）。

（5）在甲面上涂上一层多功能黏合胶，不照灯（图3-64）。

（6）将选好的饰品用镊子夹住放在甲片相应的位置，放好后照灯30秒（图3-65）。

（7）最后涂上一层免洗封层，并照灯60秒，用清洁液擦拭浮胶（图3-66）。

（8）单色晕染完成（图3-67）。

图3-61   图3-62

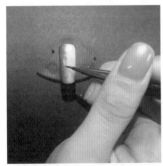
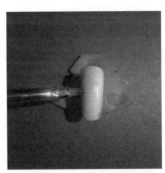
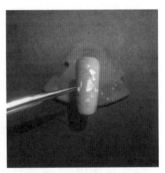

图3-63   图3-64   图3-65

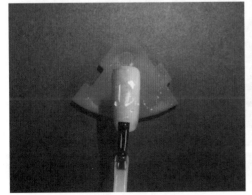
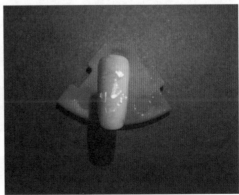

图3-66   图3-67

单色晕染后的美甲效果如图3-68所示。

图3-68

（二）多色晕染

多色晕染操作流程如下：

（1）做好准备工作，准备消毒好的工具，保持桌面清洁，同时对顾客及自己的双手进行消毒，准备好甲片（图3-69）。

（2）在甲片上涂上一层底胶，注意甲片边缘包边，照灯30秒。注意，如在真甲上进行，需先修剪指甲并打磨好甲面（图3-70）。

图3-69

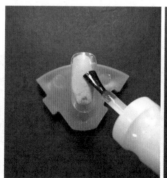

图3-70

（3）涂上一层白色甲油胶。注意涂抹均匀，甲片边缘包边，并照灯30秒（图3-71）。

（4）在甲片上均匀地涂上一层晕染底胶（图3-72）。

（5）用彩绘笔蘸取适量绿色甲油胶滴在甲面上，用彩绘笔融合晕染底胶至自己喜欢的形状即可。晕染完成后照灯30秒，固定形状（图3-73）。

（6）再次涂晕染底胶（图3-74）。

（7）蘸取白色甲油胶与晕染底胶融合，进行第二层颜色晕染，晕染至心仪的形状后照灯30秒（图3-75）。

（8）涂上一层免洗封层并照灯60秒，用清洁液擦拭浮胶（图3-76）。

（9）多色晕染完成（图3-77）。

多色晕染美甲款式效果如图3-78所示。

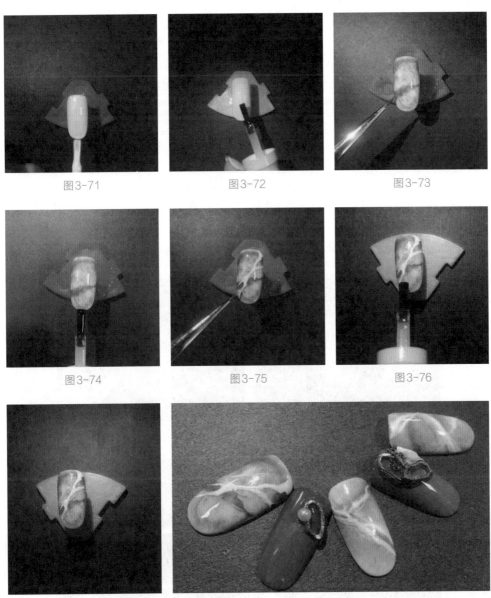

图3-71　　　　　　　图3-72　　　　　　　图3-73

图3-74　　　　　　　图3-75　　　　　　　图3-76

图3-77　　　　　　　　　　图3-78

三、渐变技法

渐变是美甲中最常用的一种美甲技法，渐变技法的主要效果是使甲面上没有明显的颜色涂抹刷痕，颜色过渡处自然柔和，不生硬。看似简单的技法实际操作起来非常考验美甲师的基本功，需要美甲师多加练习。

在日常美甲工具中，有一些工具可以起到很好的辅助作用，可以帮助美甲师快速简捷地完成渐变效果，如海绵、渐变晕染笔、带海绵的笔刷、光疗笔等。

准备工具及材料：底胶、免洗封层、甲油胶、彩绘笔、酒精、清洁液。

（一）单色渐变美甲

单色渐变美甲的操作流程如下：

（1）做好准备工作，准备消毒好的工具，保持桌面清洁，同时对顾客及自己的双手进行消毒（图3-79）。

（2）在甲片上涂上一层底胶，注意甲片边缘包边，照灯30秒。注意，如在真甲上进行，需先修剪指甲并打磨好甲面（图3-80）。

（3）用彩绘笔蘸取红色甲油胶，均匀涂在甲片前端，注意涂抹面积不宜太大，甲片前端边缘要包边。然后用彩绘笔由下至上一层层晕染过渡，甲油胶涂量由多变少，甲油胶颜色由深至浅。晕染完成后及时照灯30秒，甲油胶具有流动性，应避免因长时间停留而形成的甲油胶堆积（图3-81）。

图3-79

图3-80

图3-81

（4）重复（3）的操作，巩固甲油胶颜色（图3-82）。

（5）涂一层透明带珠光甲油胶，并照灯30秒，使渐变看起来更自然、更美观（图3-83）。

（6）涂一层免洗封层并照灯60秒，用清洁液擦拭浮胶（图3-84）。

（7）单色渐变美甲完成，如图3-85所示。

单色渐变美甲款式效果如图3-86所示。

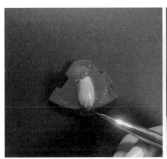 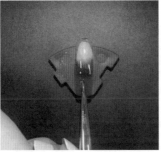

图3-82

图3-83

图3-84

图3-85

图3-86

（二）双色渐变美甲

双色渐变美甲的操作流程如下：

（1）做好准备工作，准备消毒好的工具，保持桌面清洁，同时对顾客及自己的双手进行消毒（图3-87）。

（2）在甲片上涂上一层底胶，注意甲片边缘包边，照灯30秒。注意，如在真甲上进行，需先修剪指甲并打磨好甲面（图3-88）。

（3）均匀涂一层浅蓝色甲油胶，照灯30秒。注意甲片边缘包边（图3-89）。

（4）用光疗笔在甲片一侧涂一层深蓝色甲油胶，并逐步向另一侧一层层晕染过渡，晕染颜色由深至浅，直至与浅蓝色甲油胶衔接柔和自然。照灯30秒固色（图3-90）。

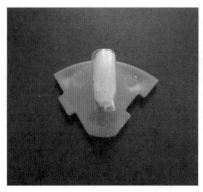
图3-87

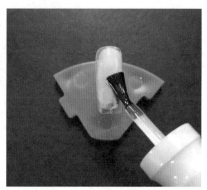
图3-88

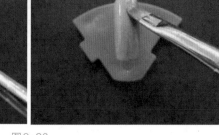
图3-89

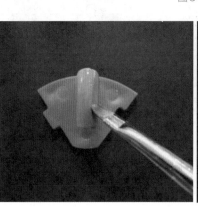
图3-90

（5）涂一层免洗封层并照灯60秒，用清洁液擦拭浮胶（图3-91）。

（6）双色渐变完成，如图3-92所示。

双色渐变美甲款式效果如图3-93所示。

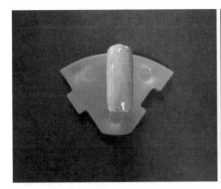

图3-91

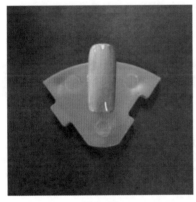

图3-92

图3-93

四、经典法式美甲

经典法式美甲是指在自然甲的前缘部分用单色指甲油清晰、准确地描画出一条如微笑般具有完美弧度的圆弧形边线，并且一双手的指甲边线宽窄和弧线要求保持视觉上的一致性。如今越来越多的人在法式美甲上做了很多新的创意，让法式美甲也衍生了更多花式的法式修甲风格，法式的定义也逐渐扩大，凡是使用了两种颜色，且有明显的交界，都可称为法式美甲。它既不张扬炫耀，又有点缀效果，是常用的美甲制作技法之一。

法式美甲制作简单快捷，制作时间短，使用的工具简单，视觉上给人以清新、典雅、简约大方的感觉。

准备工具及材料：底胶、免洗封层、甲油胶、彩绘笔、酒精、清洁液。

图3-94

经典法式美甲的操作流程如下：

（1）做好准备工作，准备消毒好的工具，保持桌面清洁，同时对顾客及自己的双手进行消毒（图3-94）。

（2）在甲片上涂上一层底胶，注意甲片边缘包边，照灯30秒。注意，如在真甲上进行，需先修剪指甲并打磨好甲面（图3-95）。

（3）将甲油胶均匀填涂在指甲下边缘至微笑线的位置，注意甲油胶面积不能超过微笑线以上（图3-96）。

（4）再用彩绘笔勾画微笑线弧度。注意勾画时要保持线条流畅，并且圆弧两边位置高低要一致，左右弧度要对称。照灯30秒（图3-97）。

（5）重复（3）、（4）步骤的操作，使甲油胶颜色看起来更加饱满（图3-98）。

（6）涂一层免洗封层并照灯60秒，用清洁液擦拭浮胶（图3-99）。

（7）经典法式美甲完成，如图3-100所示。

图3-95

图3-96　　　　　　　　　　　　　图3-97

图3-98　　　　　　　　图3-99　　　　　　　　图3-100

经典法式美甲款式效果如图3-101所示。

图3-101

五、星空甲

准备工具及材料：酒精、底胶、多功能胶、彩绘胶、美甲饰品、镊子、免洗封层、清洁液、无纺布美甲巾。

图3-102

星空甲操作流程如下：

（1）做好准备工作，准备消毒好的工具，保持甲面清洁，同时对顾客及自己的双手进行消毒（图3-102）。

（2）在甲片上涂上一层底胶，注意甲片边缘包边，照灯30秒。注意，如在真甲上进行，需先修剪指甲并打磨好甲面（图3-103）。

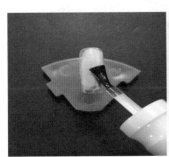 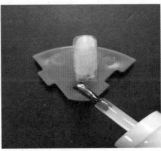 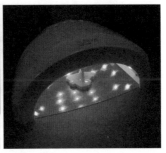

图3-103

（3）用彩绘刷蘸取紫色亮片，在甲面的两个斜角晕染开（图3-104）。

（4）用彩绘刷蘸取蓝色亮片，在另外两个对角处晕染开，照灯30秒（图3-105）。

（5）用彩绘笔蘸取白色彩绘胶，在甲面上画出星空的图案，照灯30秒（图3-106）。

（6）用刷头蘸取多功能胶涂抹在甲面上（图3-107）。

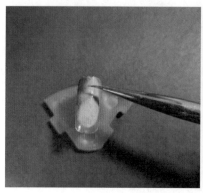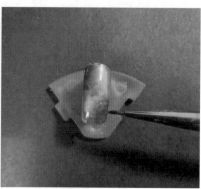

图3-104

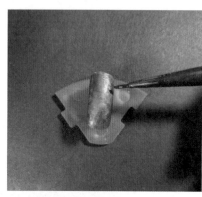

图3-105

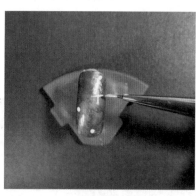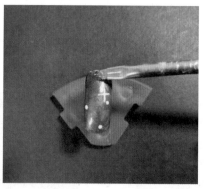

图3-106　　　　　　　　　　　图3-107

（7）用镊子夹取美甲饰品放在涂有多功能胶的位置，照灯30秒（图3-108）。

（8）涂一层免洗封层，并照灯60秒，用清洁液擦拭浮胶（图3-109）。

（9）星空甲完成，如图3-110所示。

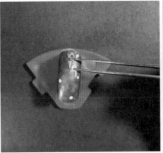

图3-108

图3-109   图3-110

星空甲款式效果如图3-111所示。

图3-111

六、新型胶美甲

　　美甲甲油胶其实就是一种把很多美甲过程简单化的产品。随着时代的不断发展及美甲行业的兴起，各种新型的甲油胶也层出不穷。新型胶是指由普通甲油胶与科技融合所产生的新的甲油胶。它比普通甲油胶在美甲图案上的设计更加方便及多样化，并且使用简单，易于掌握，效果丰富多样，可以使美甲师更加快捷地制作出不同风格、不同效果的精致美甲造型。

（一）猫眼胶美甲

猫眼胶美甲顾名思义就是做出来的美甲效果像猫的眼睛一样。在光的反射下，甲油胶表面会出现一条像猫的眼瞳一样的光带，即表面出现一条细窄明亮的反光，其效果像猫眼石，故名猫眼甲油胶，简称猫眼胶。猫眼甲油胶需要配合磁铁使用。

准备工具及材料：底胶、免洗封层、猫眼甲油胶、磁铁、美甲装饰品、酒精、清洁液、无纺布美甲巾。

猫眼胶美甲的操作流程如下：

（1）做好准备工作，准备消毒好的工具，保持桌面清洁，同时对顾客及自己的双手进行消毒（图3-112）。

（2）在甲片上涂上一层底胶，注意甲片边缘包边，照灯30秒。注意，如在真甲上进行，需先修剪指甲并打磨好甲面（图3-113）。

（3）在甲片上均匀涂一层猫眼胶，不照灯（图3-114）。

（4）将磁铁摆放在距离甲面1~2毫米的正上方，停留2~3秒，然后将磁铁向上拿开。注意，在磁铁吸纹理时手一定不能摇晃，吸完纹理后切记不可左右拿开磁铁，否则磁力会破坏纹理（图3-115）。

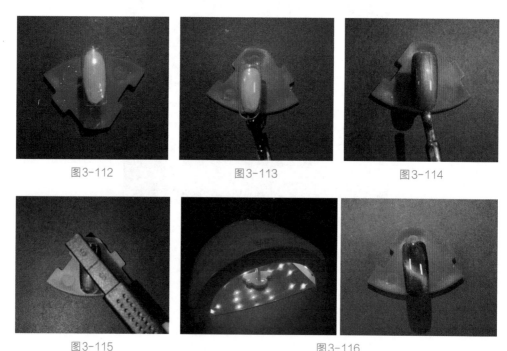

图3-112　　　　　　　图3-113　　　　　　　图3-114

图3-115　　　　　　　图3-116

（5）将甲片快速放入UV灯，照灯30秒。若长时间停留，会导致吸出的纹理逐渐消失（图3-116）。

（6）涂一层免洗封层并照灯60秒，用清洁液擦拭浮胶（图3-117）。

（7）猫眼胶美甲完成，如图3-118所示。

 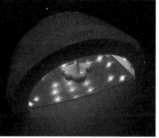 

图3-117　　　　　　　　　　　　　　　图3-118

猫眼胶美甲效果如图3-119所示。

图3-119

（二）砂糖胶美甲

砂糖胶与普通甲油胶成分一致，因其中含有砂石，所以被称为砂糖甲油胶。其也可用砂糖粉制作。砂糖胶美甲一般在日式美甲中应用较多，整体效果甜美可爱。

准备工具及材料：底胶、免洗封层、砂糖粉、多功能黏合胶、甲油胶、美甲装饰品、酒精、清洁液、无纺布美甲巾。

砂糖胶美甲的操作流程如下：

（1）做好准备工作，准备消毒好的工具，保持桌面清洁，同时对顾客及自己的双手进行消毒（图3-120）。

图3-120

（2）在甲片上涂上一层底胶，注意甲片边缘包边，照灯30秒（图3-121）。注意，如在真甲上进行，需先修剪指甲并打磨好甲面。

（3）在甲面上均匀涂一层白色甲油胶，照灯30秒（图3-122）。

（4）在甲面上均匀涂一层多功能黏合胶，然后将砂糖粉倒在甲面上，注意铺满甲面，轻轻按压甲面砂糖粉使其黏合得更牢固（图3-123）。

（5）照灯60秒（图3-124）。

图3-121

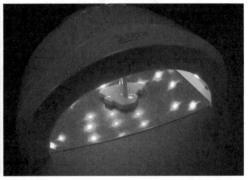

图3-122

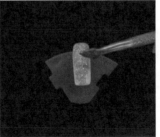

美甲技能全教程

图3-123　　　　　　　　　　图3-124

（6）涂一层免洗封层，使甲面光滑。并照灯60秒，用清洁液擦拭浮胶（图3-125）。也可不涂免洗封层，甲面呈颗粒质感，但砂糖粉易掉落。

（7）砂糖胶美甲完成，如图3-126所示。

 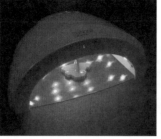 

图3-125　　　　　　　　　　　　　　　　　　　　　　图3-126

砂糖胶美甲效果如图3-127所示。

图3-127

（三）丝绒美甲

丝绒美甲有很强的节日感，质感特别，是冬日美甲的首选。

准备工具及材料：底胶、免洗封层、丝绒粉、多功能黏合胶、甲油胶、美甲饰品、彩绘笔、酒精、清洁液、无纺布美甲巾。

丝绒美甲的操作流程如下：

（1）做好准备工作，准备消毒好的工具，保持桌面清洁，同时对顾客及自己的双手进行消毒（图3-128）。

（2）在甲片上涂上一层底胶，注意甲片边缘包边，照灯30秒。注意，如在真甲上进行，需先修剪指甲并打磨好甲面（图3-129）。

图3-128 图3-129

（3）在甲片左右两侧各涂上一半白色与红色甲油胶，照灯30秒（图3-130）。

（4）用彩绘笔蘸取黑色甲油胶，在白色甲油胶上勾画线条，并照灯30秒（图3-131）。

（5）在红色甲油胶上均匀涂上一层多功能黏合胶，并用镊子将丝绒粉均匀铺撒在黏合胶上，轻轻按压丝绒粉，使其黏合得更加牢固，注意不要压实（图3-132）。

图3-130

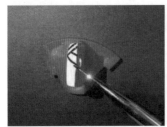  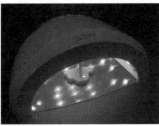

图3-131

 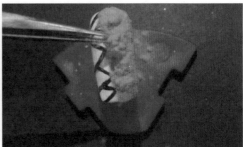

图3-132

（6）将甲面上多余的丝绒粉倒掉，并用刷子将白色甲油胶上的丝绒粉清扫干净（图3-133）。

（7）在白色甲油胶上涂上一层免洗封层并照灯60秒，用清洁液擦拭浮胶（图3-134）。

（8）在白色甲油胶与丝绒粉相交的分界线处涂上一层多功能黏合胶（图3-135）。

（9）在多功能黏合胶上装饰美甲饰品，并照灯30秒（图3-136）。

（10）丝绒美甲完成，如图3-137所示。

图3-133

图3-134   图3-135

 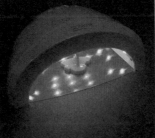 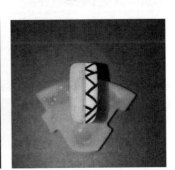

图3-136   图3-137

丝绒美甲效果如图3-138所示。

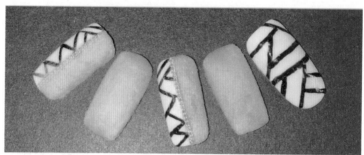

图3-138

（四）皮草胶美甲

皮草胶与普通甲油胶材质一样，因此使用手法也一样。皮草胶制作的美甲有一种皮草的质感，时尚大气，非常百搭。

准备工具及材料：底胶、免洗封层、皮草胶、彩绘笔、酒精、清洁液、无纺布美甲巾。

皮草胶美甲的操作流程如下：

（1）做好准备工作，准备消毒好的工具，保持桌面清洁，同时对顾客及自己的双手进行消毒（图3-139）。

（2）在甲片上涂上一层底胶，注意甲片边缘包边，照灯30秒。注意，如在真甲上进行，需先修剪指甲并打磨好甲面（图3-140）。

（3）先用彩绘笔蘸取皮草胶涂于甲片前端，注意甲片边缘包边。再用彩绘笔从下向上逐渐晕染，颜色由深至浅，晕染完成后照灯30秒（图3-141）。

（4）涂免洗封层并照灯60秒，用清洁液擦拭浮胶（图3-142）。

（5）皮草胶美甲完成，如图3-143所示。

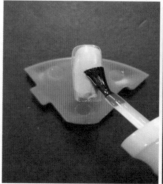
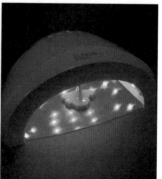

图3-139   图3-140

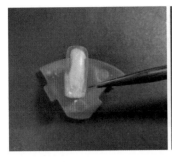

图3-141

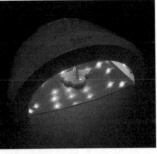

图3-142　　　　　　　　　　　　　　　　　图3-143

皮草胶美甲效果如图3-144所示。

图3-144

（五）魔镜粉美甲

魔镜粉美甲具有镜面金属光泽，十分引人注目，时尚感十足。

准备工具及材料：底胶、免洗封层、甲油胶、魔镜粉、多功能黏合胶、美甲饰品、彩绘笔、酒精、清洁液。

魔镜粉美甲的操作流程如下：

（1）做好准备工作，准备消毒好的工具，保持桌面清洁，同时对顾客及自己的双手进行消毒（图3-145）。

（2）在甲片上涂上一层底胶，注意甲片边缘包边，照灯30秒。注意，如在真甲上进行，需先修剪指甲并打磨好甲面（图3-146）。

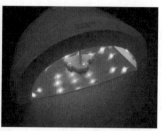

图3-145　　　　　　　　　　　　　　　　　图3-146

（3）在甲面上均匀涂抹一层咖色甲油胶，并照灯30秒（图3-147）。

（4）用彩绘笔蘸取多功能黏合胶，在甲面上勾画若干波浪形线条，照灯30秒（图3-148）。

（5）用刷头蘸取魔镜粉，均匀涂抹在甲面上。然后用刷头在甲面上来回摩擦按压，直至甲面呈现镜面效果（图3-149）。也可以在此之前涂一层封层，照灯后再使用魔镜粉，这样会使其更有光泽。

图3-147

图3-148

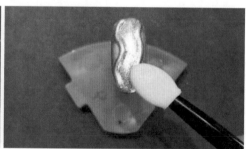

图3-149

（6）清理干净甲面上多余的魔镜粉后，涂一层免洗封层，照灯60秒（图3-150）。

（7）用彩绘笔蘸取多功能黏合胶，点在甲面上需要装饰饰品的地方。再用镊子将饰品贴在黏合胶上，照灯30秒（图3-151）。

（8）将甲面上再次涂一层免洗封层，照灯60秒，用清洁液擦拭浮胶（图3-152）。

（9）魔镜粉美甲完成，如图3-153所示。

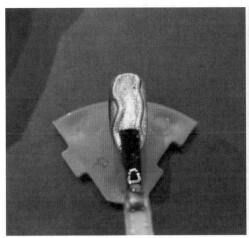
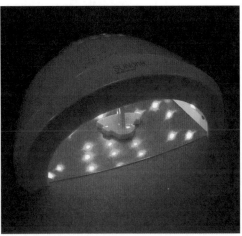

图3-150

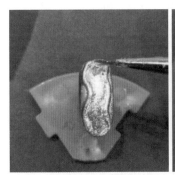
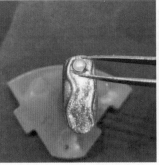
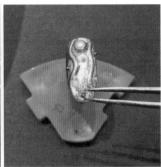

图3-151

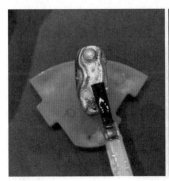

图3-152

图3-153

魔镜粉美甲效果如图3-154所示。

图3-154

（六）温变胶美甲

温变胶是一种新型甲油胶，它颜色艳丽，在不同的温度下可以变幻出绚丽的色彩，具有很强的趣味性，因此广受消费者欢迎。其使用过程与普通甲油胶一致。

准备工具及材料：底胶、免洗封层、温变胶、彩绘笔、酒精、清洁液、无纺布美甲巾。

温变胶美甲的操作流程如下：

（1）做好准备工作，准备消毒好的工具，保持桌面清洁，同时对顾客及自己的双手进行消毒。

（2）在甲片上涂上一层底胶，注意甲片边缘包边，照灯30秒（图3-155）。注意，如在真甲上进行，需先修剪指甲并打磨好甲面。

（3）用彩绘笔蘸取温变胶涂于甲片前端，注意甲片边缘包边（图3-156）。

（4）用彩绘笔从下向上逐渐晕染，颜色由深至浅，晕染完成后照灯30秒（图3-157）。

  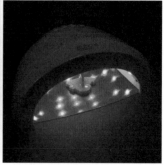

图3-155

图3-156　　　　　　　　　　　　　　　图3-157

（5）涂一层免洗封层并照灯60秒，用清洁液擦拭浮胶（图3-158）。

（6）温变胶美甲完成，如图3-159所示。

（7）温变胶美甲受热完成，如图3-160所示。

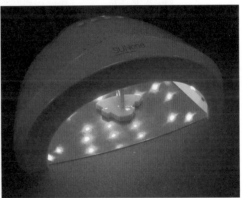

图3-158

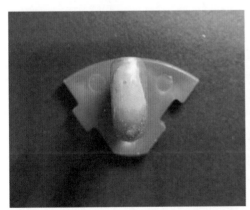

图3-159　　　　　　　　　　　　　　　图3-160

温变胶美甲受冷后的款式效果如图3-161所示，受热后的款式效果如图3-162所示。

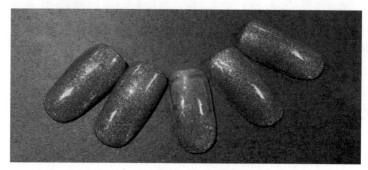

图3-161

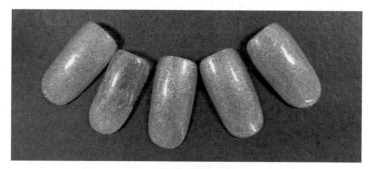

图3-162

第四节

光疗甲的制作

一、彩色光疗甲

光疗甲又称凝胶甲。光疗凝胶是一种无毒无刺激的化学物品，无味、不含香料，对人体无害。光疗甲是一种先进的通过紫外线A的作用使光疗凝胶快速固化的仿真甲技术。它最大的优点是非常环保和健康，在操作过程中没有任何刺激性气味，易打磨，不易起翘，不易发黄，并以其漂亮的光泽度和持久度赋予指甲美妙的色彩，把时尚靓丽的感觉传递到每个人的心底，成为时下打造美丽指甲的秘密武器，深受大众的喜爱。彩色光疗甲是最基础的光疗甲美甲方法。

准备工具及材料：底胶、免洗封层、铂金胶、光疗笔、扇形笔、打磨条、粉尘刷、酒精、清洁液、无纺布美甲巾。

　　彩色光疗甲的操作流程如下：

　　（1）做好准备工作，准备消毒好的工具，保持桌面清洁，同时对顾客及自己的双手进行消毒。

　　（2）根据顾客的手形、甲形及个人喜好，用打磨条修磨方形甲形，并用打磨条横向打磨甲面（图3-163）。注意，如果指甲较薄或敏感，建议用海绵锉进行打磨。

　　（3）用粉尘刷扫掉甲面多余的粉尘，并用无纺布美甲巾蘸取清洁液，点按擦拭甲面剩余粉尘（图3-164）。

　　（4）在甲面上涂一层底胶，照灯30秒（图3-165）。

图3-163

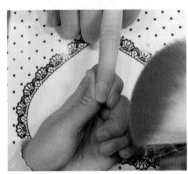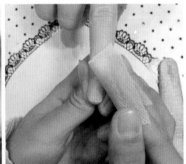

图3-164

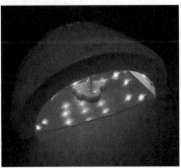

图3-165

（5）用光疗笔蘸取铂金胶，均匀涂抹在指甲下边缘处，由于铂金胶比较黏稠，所以要少量涂抹。然后用扇形笔出下至上将铂金胶一层层晕染开，直至呈渐变状，照灯30秒（图3-166）。

（6）重复（5）的操作，填补甲面涂抹不均匀的地方，并使颜色更加饱满，照灯30秒（图3-167）。

（7）涂一层免洗封层并照灯60秒，用清洁液擦拭浮胶（图3-168）。

（8）彩色光疗甲完成，如图3-169所示。

彩色光疗美甲款式效果如图3-170所示。

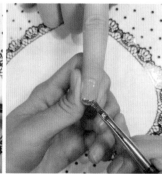

图3-166

图3-167

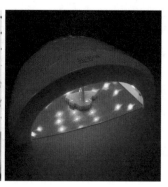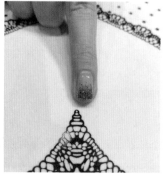

图3-168　　　　　　　　　　　　　　　　图3-169

图3-170

二、延长自然光疗甲

准备工具及材料：底胶、免洗封层、光疗裸色延长胶、光疗笔、美甲纸托、打磨条、海绵锉、抛光条、无纺布美甲巾、酒精、清洁液、营养油。

延长自然光疗甲的操作流程如下：

（1）做好准备工作，准备消毒好的工具，保持桌面清洁，同时对顾客及自己的双手进行消毒。

（2）将纸托有格子线条的一面平整地贴于指心处，纸托上画有五条竖向线条，将最中间的一条线对准指心的中间点。将纸托前端根据指甲的宽度捏成适当的尖圆形，纸托其余部分沿手指皮肤贴好。注意，纸托不能倾斜，纸托与指尖的交界处不能留有缝隙，否则延长出的指甲容易断裂（图3-171）。

（3）用光疗笔蘸取裸色光疗延长胶，均匀涂抹在整个甲面至需要延长的部分（图3-172）。注意，在涂抹光疗延长胶时要少量多次，甲面涂抹要完整，不能有凹陷部分，不能涂到皮肤上。涂抹厚度可根据个人喜好进行调整，只要甲面有弧度、平整即可（图3-173）。

（4）照灯30秒，用美甲巾蘸取清洁液擦拭甲面浮胶（图3-174）。

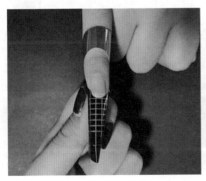

图3-171

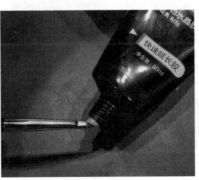

图3-172

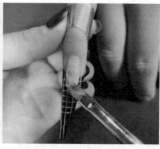

图3-173

（5）用打磨条从指甲的两侧开始修磨甲形，再修磨甲面，打磨甲面时注意甲面要有弧度，甲面与延长部分交界处要过渡自然（图3-175）。

图3-174

（6）用粉尘刷清扫多余的甲屑，并用美甲巾蘸取清洁液擦拭甲面（图3-176）。

（7）延长自然光疗甲完成，如图3-177所示。

延长自然光疗甲款式效果如图3-178所示。

图3-175　　　　　　　　　　　图3-176

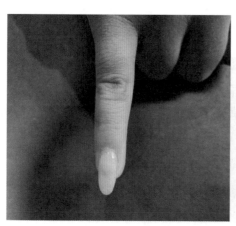

图3-177　　　　　　　　　　　图3-178

本章
小结

＊ 贴甲片，也称贴片指甲。贴甲片时先使用美甲胶水粘贴甲片，再通过打磨消除痕迹、抛光等，制作出各种各样的指甲造型。

＊ 所有不同类型的甲片，统一都分为0～9号，0是最大号，9号是最小号。

＊ 半贴甲片又名U形甲片，贴在指甲的2/3处，适合中长甲体。半贴甲片容易脱落，但是可以跟手指甲衔接得更紧密。

＊ 全贴甲片就是甲面上全部贴上甲片，要贴在指甲的根部，更适合小甲体。可用于手指甲和脚指甲的制作，也可独立使用，粘贴更牢固、不易脱落，而且价格低廉。

＊ 甲片的粘贴方法。

＊ 基础甲油分为底油、指甲油、亮油三种。

＊ 指甲油美甲的操作流程。

＊ 基础平涂是甲油胶美甲款式的基础，可单独制作，亦可在基础平涂的基础上制作各式各样的图案、装饰。

＊ 晕染美甲分为单色和多色两种，掌握晕染美甲的操作流程。

＊ 渐变是美甲中最常用的一种美甲技法，渐变技法的主要效果是使甲面上没有明显的颜色涂抹刷痕，颜色过渡自然柔和、不生硬。

＊ 经典的法式美甲就是指在自然甲的前缘部分用单色指甲油清晰、准确地描画出一条如微笑般具有完美弧度的圆弧形边线，并且双手的指甲边线宽窄和弧线要求保持视觉上的一致性。

＊ 星空甲具有时尚、个性、易制作的特点。

＊ 猫眼胶效果像猫眼石，故名猫眼胶。猫眼胶需要配合磁铁使用。

＊ 砂糖胶与普通甲油胶成分一致，因其中含有砂石，所以被称为砂糖胶，整体效果甜美可爱。

＊ 温变胶是一种新型甲油胶，它颜色艳丽，在不同的温度下可以变幻出绚丽的色彩，具有很强的趣味性。

＊ 光疗甲的制作是一种先进的通过紫外线A的作用而使光疗凝胶快速固化的仿真甲技术。它最大的优点是环保和健康。

＊ 光疗甲在操作过程中没有任何刺激性气味，易打磨，不易起翘，不易发黄，并以其漂亮的光泽度和持久度赋予指甲美妙的色彩。

1. 什么是贴甲片?

2. 甲片的型号和分类有哪些?

3. 阐述常用的两种甲片粘贴方法。

4. 指甲油美甲的基础油有哪些? 指甲油美甲有什么优点和不足?

5. 阐述指甲油美甲的方法。

6. 甲油胶基础平涂的操作流程。

7. 甲油胶的晕染技法、渐变技法。

8. 经典法式甲、星空甲的制作方法。

9. 新型胶有哪些? 举例说明并简述它们的使用方法。

10. 阐述彩色光疗甲的操作流程。

11. 阐述延长自然光疗甲的制作技法。

12. 光疗甲的优点和缺点有哪些?

课题名称

美甲装饰

课题内容

1. 水贴花
2. 3D贴花
3. 印花装饰
4. 镶钻装饰
5. 镶嵌饰品
6. 玻璃纸及锡箔纸装饰

教学目的

学习贴花、印花、镶饰等美甲装饰，提高美甲设计能力，提升学生审美。

教学要求

1. 掌握水贴花、3D贴花等贴饰方法。
2. 掌握印花装饰方法。
3. 掌握镶钻、镶嵌等立体装饰方法。
4. 掌握玻璃纸及锡箔纸装饰。

课前（后）准备

准备美甲工具及产品，做好消毒清洁，整理工作台。

课题时间
6 课时

教学方式
讲授法、讨论法、
直观演示法、
任务驱动法

美甲装饰有贴花、镶钻，各种配饰的粘贴等多种手法。多样的装饰手法，造就了丰富、多变的美甲款式。美甲装饰是一种快捷且效果突出的美甲方法。

第一节

水贴花

准备工具及材料：酒精、底胶、甲油胶、镊子、水贴花、磨砂封层、清洁液、无纺布美甲巾。

水贴花装饰的操作流程如下：

（1）做好准备工作，准备消毒好的工具，保持桌面清洁，同时对顾客及自己的双手进行消毒（图4-1）。

（2）在甲片上涂上一层底胶，注意甲片边缘包边，照灯30秒（图4-2）。注意，如在真甲上进行，需先修剪指甲并打磨好甲面。

（3）在甲面上涂抹一层裸粉色甲油胶，照灯30秒（图4-3）。

（4）把要用的水贴花剪出来，用镊子夹住放入水里，稍等几秒（图4-4）。

图4-1

图4-2

图4-3

图4-4

（5）等水浸透水贴花后，再用镊子夹出图案（图4-5）。

（6）把图案放到甲面上，拿镊子按压图案的边角（图4-6）。

（7）涂一层磨砂封层，并照灯60秒，用美甲巾蘸取清洁液擦拭浮胶（图4-7）。

（8）水贴花装饰完成，如图4-8所示。

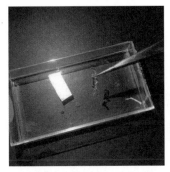

图4-5

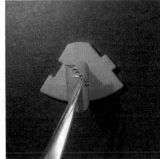
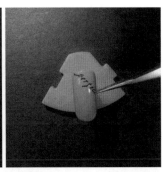

图4-6

图4-7

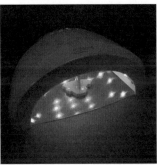

图4-8

水贴花装饰效果如图4-9所示。

图4-9

第二节

〜∂∂∂☼ɛɛɛ〜

3D贴花

准备工具及材料：酒精、底胶、甲油胶、彩绘笔、镊子、3D贴纸、免洗封层、清洁液、无纺布美甲巾。

3D贴花装饰操作流程如下：

（1）做好准备工作，准备消毒好的工具，保持桌面清洁，同时对顾客及自己的双手进行消毒（图4-10）。

图4-10

（2）在甲片上涂上一层底胶，注意甲片边缘包边，照灯30秒（图4-11）。注意，如在真甲上进行，需先修剪指甲并打磨好甲面。

（3）将金色甲油胶涂抹在甲面的上边缘，涂抹面积不宜过大（图4-12）。

（4）用彩绘笔向下晕染出渐变的效果，照灯30秒（图4-13）。

图4-11

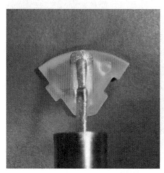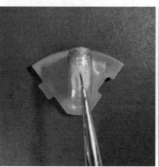

图4-12   图4-13

（5）按照上一步骤再次晕染，照灯30秒（图4-14）。

（6）用镊子夹取3D贴纸粘贴在甲面上（图4-15）。

（7）涂一层免洗封层，并照灯60秒，用美甲巾蘸取清洁液擦拭浮胶（图4-16）。

（8）3D贴花装饰完成，如图4-17所示。

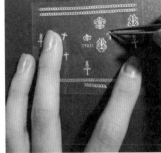
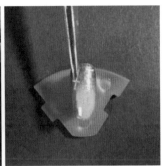

图4-14　　　　　　　　　　　　　　　　图4-15

图4-16　　　　　　　　　　　　　　　　图4-17

3D贴花装饰效果如图4-18所示。

图4-18

第三节

❧

印花装饰

准备工具及材料：酒精、甲油胶、印花胶、印花板、刮板、转印橡皮、多功能胶、美甲刷、美甲饰品、镊子、免洗封层、清洁液、无纺布美甲巾。

印花装饰的操作流程如下：

图4-19

（1）做好准备工作，准备消毒好的工具，保持桌面清洁，同时对顾客及自己的双手进行消毒（图4-19）。

（2）在甲片上涂上一层底胶，注意甲片边缘包边，照灯30秒（图4-20）。注意，如在真甲上进行，需先修剪指甲并打磨好甲面。

（3）在甲面上涂抹一层雾霾蓝色的甲油胶，照灯30秒（图4-21）。

（4）在印花板上找到需要的图案，涂上印花胶。然后，用刮板把印花胶在印花板上刮匀（图4-22）。

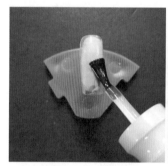

图4-20

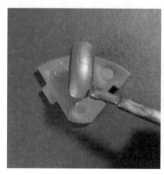

图4-21

图4-22

（5）用转印橡皮在印花板中相应的图案上按压均匀（图4-23）。

（6）将转印橡皮上拓印的图案印在甲面上，按压时注意力度要均匀（图4-24）。

（7）按照上面步骤可多次印出不同的花纹（图4-25）。

（8）用刷头蘸取多功能胶涂在花朵的中心（图4-26）。

（9）使用镊子夹取需要的美甲饰品放在涂有多功能胶的位置，照灯30秒（图4-27）。

（10）涂一层免洗封层，并照灯60秒，用美甲巾蘸取清洁液擦拭浮胶（图4-28）。

（11）印花装饰完成，如图4-29所示。

图4-23

图4-24

图4-25

图4-26

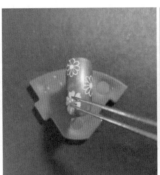
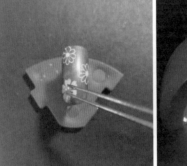

图4-27

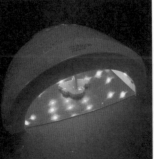

图4-28

图4-29

印花装饰效果如图4-30所示。

图4-30

第四节

镶钻装饰

准备工具及材料：酒精、底胶、甲油胶、镊子、彩绘笔、多功能胶、美甲钻、免洗封层、清洁液、无纺布美甲巾。

镶钻装饰的操作流程如下：

（1）做好准备工作，准备消毒好的工具，保持桌面清洁，同时对顾客及自己的双手进行消毒（图4-31）。

（2）在甲片上涂上一层底胶，注意甲片边缘包边，照灯30秒（图4-32）。注意，如在真甲上进行，需先修剪指甲并打磨好甲面。

（3）用彩绘笔蘸取小亮片，再用甲油胶在指甲尖晕染出渐变的效果，照灯30秒（图4-33）。

（4）用刷头蘸取多功能胶涂抹在指甲尖部（图4-34）。

图4-31

图4-32

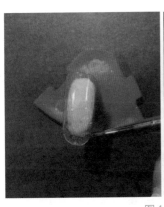

图4-33 · · · · · · · · · · · · 图4-34

（5）用镊子夹取美甲钻放在涂有多功能胶的位置，注意指甲尖端的钻偏大，越往上钻越小，照灯30秒（图4-35）。

（6）涂一层免洗封层，并照灯60秒，用美甲巾蘸取清洁液擦拭浮胶（图4-36）。

（7）镶钻装饰完成，如图4-37所示。

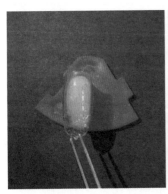

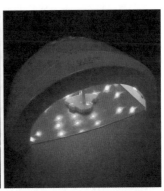

图4-35

图4-36 图4-37

镶钻装饰效果如图4-38所示。

图4-38

第五节

镶嵌饰品

一、外嵌饰品

准备工具及材料：酒精、底胶、甲油胶、彩绘笔、多功能胶、镊子、美甲饰品、免洗封层、清洁液、无纺布美甲巾。

外嵌饰品的操作流程如下：

（1）做好准备工作，准备消毒好的工具，保持桌面清洁，同时对顾客及自己的双手进行消毒（图4-39）。

（2）在甲片上涂上一层底胶，注意甲片边缘包边，照灯30秒（图4-40）。注意，如在真甲上进行，需先修剪指甲并打磨好甲面。

图4-39

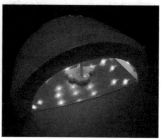

图4-40

（3）用彩绘笔蘸取黑色甲油胶涂抹在指甲前端（图4-41）。

（4）再从下往上做出晕染，直到整个甲面都被晕染上，再照灯30秒（图4-42）。

（5）用刷头蘸取多功能胶涂抹在甲面上（图4-43）。

（6）用镊子夹取需要的美甲饰品放到涂有多功能胶的位置，照灯30秒（图4-44）。

（7）涂一层免洗封层，并照灯60秒，用美甲巾蘸取清洁液擦拭浮胶（图4-45）。

（8）外嵌饰品完成，如图4-46所示。

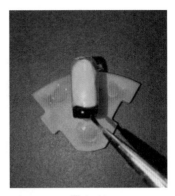

图4-41

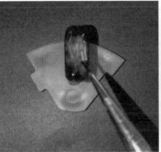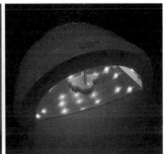

图4-42

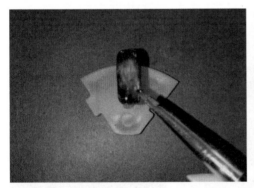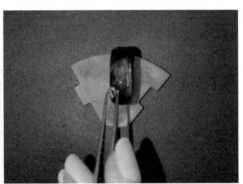

图4-43　　　　　　　　　　　　　图4-44

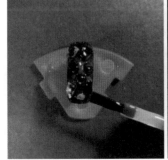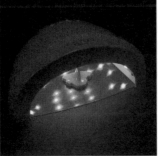

图4-45　　　　　　　　　　　　　图4-46

外嵌饰品效果如图4-47所示。

图4-47

二、内嵌饰品

准备工具及材料：酒精、底胶、甲油胶、彩绘笔、多功能胶、镊子、美甲饰品、美甲棉片、锉条、免洗封层、清洁液、无纺布美甲巾。

内嵌饰品的操作流程如下：

（1）做好准备工作，准备消毒好的工具，保持桌面清洁，同时对顾客及自己的双手进行消毒（图4-48）。

（2）在甲片上涂上一层底胶，注意甲片边缘包边，照灯30秒（图4-49）。注意，如在真甲上进行，需先修剪指甲并打磨好甲面。

图4-48   图4-49

（3）将藕粉色甲油胶点涂在甲面上，再用彩绘笔晕染开，照灯30秒（图4-50）。

（4）用刷头蘸取多功能胶涂抹在需要粘贴美甲饰品的地方（图4-51）。

（5）用镊子夹取美甲饰品放在涂有多功能胶的位置，照灯30秒（图4-52）。

（6）用刷头蘸取多功能胶涂抹在粘有饰品的甲面上，照灯30秒（图4-53）。

（7）用棉片蘸取美甲清洁液，擦除甲面上的浮胶（图4-54）。

（8）用海绵锉将甲面打磨平滑（图4-55）。

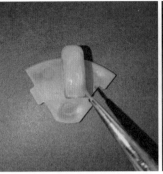

图4-50

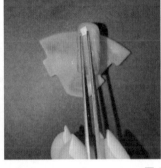

图4-51　　　　　　　　　　　　图4-52

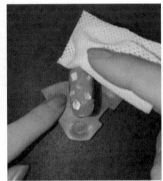
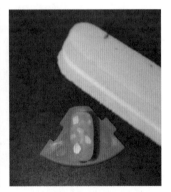

图4-53　　　　　　　　图4-54　　　　　　　　图4-55

（9）用棉片蘸取清洁液，擦除甲面上的浮粉（图4-56）。

（10）涂一层免洗封层，并照灯60秒，用美甲巾蘸取清洁液擦拭浮胶（图4-57）。

（11）内嵌饰品完成，如图4-58所示。

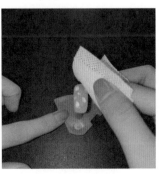

图4-56

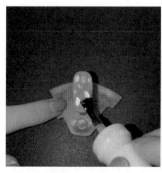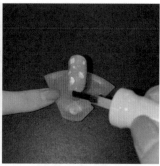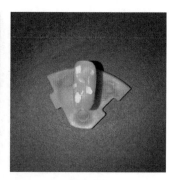

图4-57   图4-58

内嵌饰品效果如图4-59所示。

图4-59

第六节

玻璃纸及锡箔纸装饰

一、玻璃纸装饰

准备工具及材料：酒精、底胶、甲油胶、多功能胶、镊子、玻璃纸、免洗封层、清洁液、无纺布美甲巾。

玻璃纸装饰的操作流程如下：

（1）做好准备工作，准备消毒好的工具，保持桌面清洁，同时对顾客及自己的双手进行消毒（图4-60）。

（2）在甲片上涂上一层底胶，注意甲片边缘包边，照灯30秒（图4-61）。注意，如在真甲上进行，需先修剪指甲并打磨好甲面。

（3）在甲面涂抹一层黑色甲油胶，照灯30秒（图4-62）。

（4）用刷头蘸取多功能胶，涂抹在要粘玻璃纸的地方（图4-63）。

图4-60

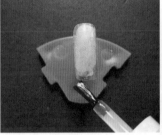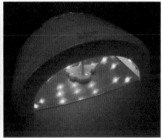

图4-61

图4-62　　　　　　　　　　　　　　　　　　图4-63

（5）用镊子夹起玻璃纸放在涂有多功能胶的位置，照灯30秒（图4-64）。

（6）涂一层免洗封层，并照灯60秒，用美甲巾蘸取清洁液擦拭浮胶（图4-65）。

（7）玻璃纸装饰完成，如图4-66所示。

图4-64

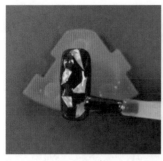
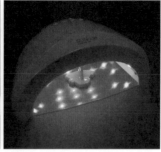

图4-65

图4-66

玻璃纸装饰效果如图4-67所示。

图4-67

二、锡箔纸装饰

准备工具及材料：酒精、底胶、甲油胶、金箔纸、彩绘笔、镊子、免洗封层、清洁液、无纺布美甲巾。

锡箔纸装饰的操作流程如下：

（1）做好准备工作，准备消毒好的工具，保持桌面清洁，同时对顾客及自己的双手进行消毒（图4-68）。

（2）在甲片上涂上一层底胶，注意甲片边缘包边，照灯30秒（图4-69）。注意，如在真甲上进行，需先修剪指甲并打磨好甲面。

（3）在甲面涂一层底胶，不照灯（图4-70）。

（4）用彩绘笔分别蘸取墨绿色和棕橘色甲油胶点涂在底胶上，再晕染开，注意过渡要自然，照灯30秒（图4-71）。

图4-68

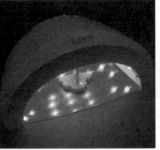

图4-69

图4-70

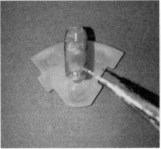
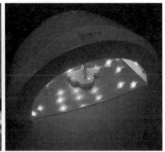

图4-71

（5）涂抹一层底胶，不照灯（图4-72）。

（6）用镊子夹取锡箔纸放到底胶上，注意夹取锡箔纸时力度要轻（图4-73）。

（7）涂一层免洗封层，并照灯60秒，用美甲巾蘸取清洁液擦拭浮胶（图4-74）。

（8）锡箔纸装饰完成，如图4-75所示。

图4-72

图4-73

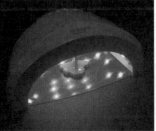

图4-74

图4-75

锡箔纸装饰效果如图4-76所示。

图4-76

本章
小结

※ 美甲装饰有贴花、镶钻,各种配饰的粘贴等多种手法。多样的装饰手法,造就了
　丰富、多变的美甲款式。美甲装饰是一种快捷且效果突出的装饰方法。

※ 美甲装饰包括水贴花、3D贴花、印花装饰、镶钻装饰、镶嵌方式、玻璃纸及锡
　箔纸美甲等。

※ 印花装饰方便快捷,自然多变。

思考与练习

1. 美甲装饰的方法有哪些?

2. 简述水贴花、3D贴花、玻璃纸及锡箔纸等的操作方法。

3. 简述印花装饰的操作方法。

4. 简述镶钻装饰、镶嵌装饰等的操作方法。

课题名称

雕花甲装饰

课题内容

1. 光疗浮雕
2. 光疗雕花

教学目的

学习掌握光疗浮雕、光疗雕花的基础做法，并进行花式的变化创作。

教学要求

1. 学习掌握光疗浮雕，如贝壳甲、毛衣甲、缤纷花朵的制作方法，并进行花式创新。
2. 学习掌握光疗雕花，如小梅花、卡通形象的制作方法，并进行花式创新。

课前（后）准备

准备美甲工具及产品，做好消毒、清洁、整理工作台。

《《《

课题时间
4课时

教学方式
讲授法、讨论法、
直观演示法、
任务驱动法

美甲装饰不仅限于平面的创作，运用浮雕胶和雕花胶还可创造出多种立体的款式，雕花款式立体多变、质地坚硬，保持时间较长。

光疗浮雕

一、贝壳甲

准备工具及材料：底胶、免洗封层、甲油胶、多功能胶、勾线笔、清洁液、美甲巾、酒精、小珍珠。

贝壳甲的操作流程如下：

（1）做好准备工作，准备消毒好的工具，保持桌面清洁，同时对顾客及自己的双手进行消毒（图5-1）。

（2）在甲片上涂上一层底胶，注意甲片边缘包边，照灯30秒（图5-2）。注意，如在真甲上进行，需先修剪指甲并打磨好甲面。

（3）涂抹粉透甲油胶，顶端渐变晕开，作为底色，照灯30秒，反复两次上色（图5-3）。

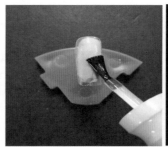

图5-1   图5-2

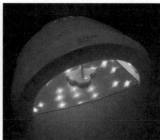

图5-3

（4）用勾线笔蘸取多功能胶，取量稍多一些，由指甲尖端向下拉直，形成水滴形长条，照灯30秒（图5-4）。

（5）用同样的方法画出余下几个长条，形成贝壳纹路。每一条拉线都需照灯后再勾画下一条（图5-5）。

（6）蘸取多功能胶放在甲片根部，用镊子夹取小珍珠放在甲片的适当位置。照灯30秒固定（图5-6）。

（7）在甲面涂上一层免洗封层，并照灯60秒。用美甲巾蘸取清洁液擦拭浮胶（图5-7）。

（8）贝壳甲完成，如图5-8所示。

图5-4

图5-5

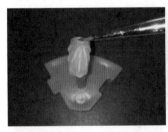 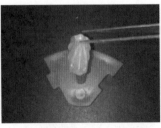 

图5-6

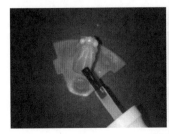  

图5-7   图5-8

贝壳甲效果如图5-9所示。

图5-9

二、毛衣甲

准备工具及材料：底胶、光疗笔、磨砂封层、甲油胶、浮雕胶、勾线笔、清洁液、美甲巾、酒精。

毛衣甲的操作流程如下：

（1）做好准备工作，准备消毒好的工具，保持桌面清洁，同时对顾客及自己的双手进行消毒（图5-10）。

（2）在甲片上涂上一层底胶，注意甲片边缘包边，照灯30秒（图5-11）。注意，如在真甲上进行，需先修剪指甲并打磨好甲面。

图5-10

图5-11

（3）用光疗笔涂抹蓝色浮雕甲油胶，作为底色，照灯30秒，反复两次上色（图5-12）。

（4）用勾线笔蘸取浮雕胶（图5-13）。

（5）拉出主要立体线条，注意笔触均匀（图5-14）。

（6）用圆点和撇点进行装饰，做出毛衣效果，照灯30秒（图5-15）。

（7）涂上一层磨砂封层，并照灯60秒（图5-16）。用美甲巾蘸取清洁液擦拭浮胶。

（8）毛衣甲完成，如图5-17所示。

图5-12 图5-13

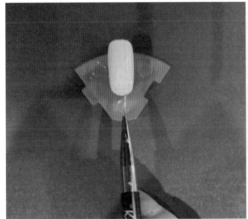
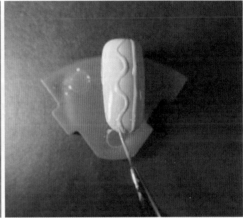

图5-14

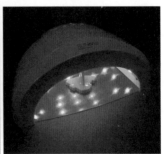

图5-15

图5-16 图5-17

毛衣甲效果如图5-18所示。

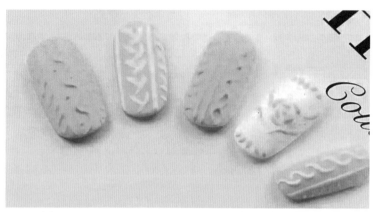

图5-18

三、缤纷花朵

准备工具及材料：底胶、磨砂封层、浮雕胶、多功能胶、花朵型橡胶模具、勾线笔、清洁液、美甲巾、酒精、金色小钢珠。

缤纷花朵装饰的操作流程如下：

（1）做好准备工作，准备消毒好的工具，保持桌面清洁，同时对顾客及自己的双手进行消毒（图5-19）。

（2）在甲片上涂上一层底胶，注意甲片边缘包边，照灯30秒（图5-20）。注意，如在真甲上进行，需先修剪指甲并打磨好甲面。

图5-19　　　　　　　　　　　　　　图5-20

（3）用光疗笔涂抹蓝色浮雕甲油胶，作为底色，照灯30秒，反复两次上色（图5-21）。

（4）涂抹磨砂封层，并照灯60秒（图5-22）。

（5）用勾线笔取浮雕胶至花朵型橡胶模具中，并照灯30秒（图5-23）。

（6）取出成型花朵，取多功能胶，涂抹在适当位置，并完成粘贴，照灯30秒固定（图5-24）。

（7）用同样的方法制作粘贴其余花朵（图5-25）。

（8）粘贴金色小钢珠（图5-26）。

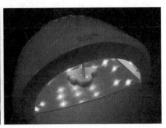

图5-21

图5-22

图5-23

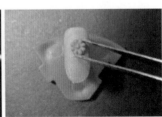

图5-24

图5-25　　　　　　　　　　　　　　　图5-26

（9）涂上一层磨砂封层，并照灯60秒。用美甲巾蘸取清洁液擦拭浮胶（图5-27）。

（10）缤纷花朵装饰完成，如图5-28所示。

图5-27 图5-28

缤纷花朵装饰效果如图5-29所示。

图5-29

第二节

光疗雕花

一、小梅花雕花装饰

准备工具及材料：底胶、甲油胶、橘木棒、免洗封层、雕花胶、勾线笔、镊子、清洁液、酒精、小水钻、无纺布美甲巾。

小梅花雕花装饰的操作流程如下：

（1）做好准备工作，准备消毒好的工具，保持桌面清洁，同时对顾客及自己的双手进行消毒（图5-30）。

美甲技能全教程

（2）在甲片上涂上一层底胶，注意甲片边缘包边，照灯30秒（图5-31）。注意，如在真甲上进行，需先修剪指甲并打磨好甲面。

（3）涂抹粉色甲油胶，作为底色，照灯30秒，反复两次上色（图5-32）。

（4）用橘木棒取一小粒雕花胶，揉搓成圆形（图5-33）。

（5）将圆形雕花胶放置在甲片上（图5-34）。

图5-30　　　　　　　　　　　　　　　　　图5-31

图5-32

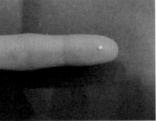
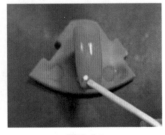

图5-33　　　　　　　　　　　　　　　　　图5-34

（6）将雕花胶按压出花瓣的形状，为避免橘木棒和雕花胶粘在一起，可蘸取清洁液再按压，照灯固化（图5-35）。

（7）用同样的方法制作余下的花瓣（图5-36）。

（8）用镊子取小水钻贴于合适的位置进行装饰（图5-37）。

（9）涂上一层免洗封层，并照灯60秒。用美甲巾蘸取清洁液擦拭浮胶（图5-38）。

（10）小梅花雕花装饰完成，如图5-39所示。

图5-35

图5-36

图5-37

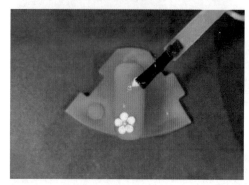
图5-38

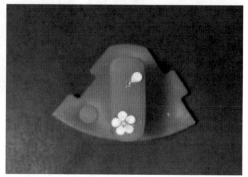
图5-39

图5-40

小梅花雕花装饰效果如图5-40所示。

二、卡通形象雕花装饰

准备工具及材料：底胶、免洗封层、雕花胶、甲油胶、橘木棒、勾线笔、清洁液、无纺布美甲巾、酒精。

卡通形象雕花装饰的操作流程如下：

（1）做好准备工作，准备消毒好的工具，保持桌面清洁，同时对顾客及自己的双手进行消毒（图5-41）。

（2）在甲片上涂上一层底胶，注意甲片边缘包边，照灯30秒（图5-42）。注意，如在真甲上进行，需先修剪指甲并打磨好甲面。

（3）涂抹黑色甲油胶，作为底色，照灯30秒，反复两次上色（图5-43）。

（4）用橘木棒取一小粒雕花胶，揉搓成圆形（图5-44）。

（5）将圆形雕花胶放置在甲片上，并压成圆形，做出小熊的脸部，照灯30秒（图5-45）。

（6）用雕花胶做出两只耳朵的形状，照灯30秒（图5-46）。

（7）用黑色甲油胶在指甲表面的雕花胶上勾画小熊的五官（图5-47）。

（8）用白色彩绘胶勾画字母装饰，照灯30秒（图5-48）。

图5-41

图5-42

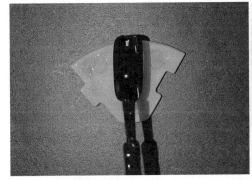

图5-43

图5-44

图5-45

图5-46

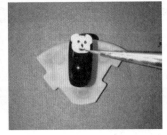
图5-47

图5-48

（9）涂上一层免洗封层，并照灯60秒。用美甲巾蘸取清洁液擦拭浮胶（图5-49）。

（10）卡通形象雕花装饰完成，如图5-50所示。

 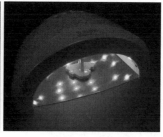 

图5-49 图5-50

卡通形象雕花装饰效果如图5-51所示。

图5-51

＊ 运用浮雕胶和雕花胶可以创造出多种立体的款式，雕花款式立体多变、质地坚硬，保持时间较长。

＊ 光疗浮雕的方式有直接浮雕和倒模粘贴两种。常见的花型有贝壳甲、毛衣甲、缤纷花朵。

＊ 光疗雕花具有很强的立体感，工艺较为复杂。常见的图案有小梅花、卡通形象等。

思考与练习

1. 简述雕花甲装饰的分类及其优缺点。
2. 简述光疗浮雕的制作方法。
3. 简述光疗雕花的制作方法。